DSP 技术原理与应用系统设计实验指导书

邵 雷 曹洪龙 胡剑凌 主编

苏州大学出版社

图书在版编目(CIP)数据

DSP技术原理与应用系统设计实验指导书/邵雷,曹洪龙,胡剑凌主编. —苏州:苏州大学出版社,2021.10(2022.12重印)
ISBN 978-7-5672-3609-7

Ⅰ.①D… Ⅱ.①邵… ②曹… ③胡… Ⅲ.①数字信号处理 Ⅳ.①TN911.72

中国版本图书馆CIP数据核字(2021)第184743号

DSP技术原理与应用系统设计实验指导书
DSP Jishu Yuanli Yu Yingyong Xitong Sheji Shiyan Zhidaoshu
邵 雷 曹洪龙 胡剑凌 主编
责任编辑 肖 荣

苏州大学出版社出版发行
(地址:苏州市十梓街1号 邮编:215006)
广东虎彩云印刷有限公司印装
(地址:东莞市虎门镇黄村社区厚虎路20号C幢一楼 邮编:523898)

开本 787 mm×1 092 mm 1/16 印张7.25 字数159千
2021年10月第1版 2022年12月第2次印刷
ISBN 978-7-5672-3609-7 定价:28.00元

图书若有印装错误,本社负责调换
苏州大学出版社营销部 电话:0512-67481020
苏州大学出版社网址 http://www.sudapress.com
苏州大学出版社邮箱 sdcbs@suda.edu.cn

前 言

自 2018 年出版《DSP 技术原理与应用系统设计》教材以来,教研组一直在思考,能否根据自身科研经验,淡化理论讲授,简化教学环节,以培养学生利用 DSP 技术解决实际问题的工程能力为目标,撰写一本配套的突出软硬件实际调试能力的实验指导书。

由于种种原因,撰写配套实验指导书的工作一直没有付诸行动。2020 年恰逢苏州大学开展教材培育项目,遴选团队撰写具有科学性、先进性、实用性的优质教材,遂在同行和业界朋友的支持与鼓励下,结合近年来的教学、科研工作开始了《DSP 技术原理与应用系统实验指导书》的撰写工作。

本书选用 CD6655-DSK 系统为实验平台,以 TI TMS320C6655 DSP 芯片为实验平台核心。全书共分十三章,包括 CCS 软件安装,TMS320C6655 的 GPIO、UART、I2C、SPI、EMIF 16、DDR3、以太网、McBSP 片内外设调试,嵌入式数字信号处理算法等内容。本书具有以下三个特点。一是实验内容丰富,既包括 DSP 程序设计、分析与调试,也包括片内外设的硬件开发与调试;二是紧密结合芯片手册、协议标准,采用图文并茂的方式呈现工程人员实际进行 DSP 技术调试的过程,便于初学者快速入门;三是理论与实践紧密结合,增设了数字信号处理算法实验。

本教材主要用于相关专业的 DSP 技术实验教学,还可以为从事 DSP 技术方面工作的工程技术人员提供一定的参考。期望在本书的帮助下,读者能迅速入门 DSP 技术,掌握 DSP 技术工程化过程中的软硬件调试能力。由于作者的水平有限,加之时间仓促,书中难免存在一些不妥及错误之处,恳切希望读者批评指正。

CONTENTS / 目录

1 相关软件的安装及注意事项

1.1 相关软件的安装 …………………………………………………………… 1
1.2 手动添加 CCS5.5 的软件仿真器 …………………………………………… 1
1.3 注意事项 …………………………………………………………………… 2

2 DSP 程序设计、调试与分析实验

2.1 实验准备 …………………………………………………………………… 3
2.2 实验工程建立 ……………………………………………………………… 3
2.3 实验程序编写 ……………………………………………………………… 4
2.4 实验程序编译 ……………………………………………………………… 6
2.5 实验程序下载 ……………………………………………………………… 6
2.6 实验程序运行 ……………………………………………………………… 7

3 GPIO 实验

3.1 实验准备 …………………………………………………………………… 8
3.2 实验工程建立 ……………………………………………………………… 8
3.3 实验程序编写 ……………………………………………………………… 12
3.4 添加 CMD 文件 …………………………………………………………… 13
3.5 实验程序编译 ……………………………………………………………… 15
3.6 实验程序下载 ……………………………………………………………… 15
3.7 实验程序运行 ……………………………………………………………… 16

4 UART 实验

4.1 实验准备 …… 17
4.2 C6655 PLL 简介 …… 17
4.3 UART 波特率计算（分频系数） …… 21
4.4 UART 传输格式 …… 21
4.5 UART 传输初始化次序 …… 22
4.6 UART 发送 …… 23
4.7 UART 接收 …… 23
4.8 UART 程序运行 …… 24

5 I2C 接口实验

5.1 实验准备 …… 28
5.2 I2C 波特率计算 …… 28
5.3 I2C 传输格式 …… 29
5.4 AT24C1024BN-SH-T 基本资料 …… 30
5.5 C6655-I2C 发送模式 …… 31
5.6 I2C 程序运行 …… 33

6 SPI 实验

6.1 实验准备 …… 38
6.2 SPI 时钟 …… 38
6.3 SPI 传输格式 …… 39
6.4 N25Q032A 基本资料 …… 39
6.5 C6655 SPI0 实现 NOR FLASH 读/写 …… 41
6.6 SPI 程序运行 …… 46

7 EMIF 16 实验

7.1 实验准备 …… 49
7.2 EMIF 16 时钟 …… 49
7.3 NAND Flash …… 50
7.4 C6655 的 EMIF 16 …… 54

7.5 C6655 的 EMIF 16 读/写 NAND Flash 实现 …… 56
7.6 EMIF 16 程序运行 …… 59

8 DDR3 接口实验

8.1 实验准备 …… 60
8.2 C6655-DDR3 配置 …… 60
8.3 C6655-DDR3 读/写运行测试 …… 63

9 以太网实验

9.1 实验准备 …… 65
9.2 UDP 数据包格式 …… 65
9.3 以太网初始化 …… 68
9.4 以太网发送 …… 70
9.5 以太网中断接收 …… 72
9.6 以太网程序运行 …… 75

10 McBSP 实验

10.1 实验准备 …… 77
10.2 McBSP 时钟计算 …… 77
10.3 McBSP 传输基本格式 …… 78
10.4 McBSP 配置流程 …… 79
10.5 McBSP 读/写 …… 81
10.6 TLV320AIC3104 简介 …… 82
10.7 C6655 通过 I2C 对 TLV320AIC3104 进行配置 …… 82
10.8 McBSP 程序运行 …… 85

11 基于 DSPLIB 的数字信号处理算法实验

11.1 实验准备 …… 86
11.2 基于 DSPLIB 的 FFT 实验 …… 86
11.3 基于 DSPLIB 的 FIR 实验 …… 91
11.4 基于 DSPLIB 的 IIR 实验 …… 94

12 图像奇偶分解实验

12.1 实验准备 ·· 98

12.2 图像奇偶分解 ·· 98

13 SYS/BIOS 实验

13.1 实验准备 ·· 103

13.2 实验工程建立 ·· 103

13.3 实验程序编写 ·· 104

参考文献 ·· 107

1 相关软件的安装及注意事项

1.1 相关软件的安装

（1）在C盘上安装CCS7.2.0.00013_win32，也可以自行安装更高版本的CCS。若安装了更高版本的CCS，请注意安装相应的工具包。在编程时，注意引用所装工具包。（CCS软件可以自行在TI网站上下载）

（2）在C盘上安装ti-processor-sdk-rtos-c665x-evm-04.01.00.06-Windows-x86-Install。（可以自行在TI网站上下载）

（3）把源代码文件夹"DSP_Projects"复制到E盘或其他用户指定的PC硬盘位置，本手册以E盘根目录为例。

1.2 手动添加CCS5.5的软件仿真器

软件仿真器(Simulator)是CCS5及以前版本提供的软件仿真模拟器，可以脱离DSP芯片而采用软件的方式利用计算机的CPU模拟一个DSP的运行环境和指令系统，在DSP程序开发过程中被广泛应用。由于CCS6以后的版本中不再包含Simulator，因此需要手动添加CCS5.5的Simulator到CCS7.2中，方法是将CCSv5与Simulator相关的文件复制到CCSv7的对应目录下，具体包括以下文件夹和文件：

（1）../ccsv5/ccs_base/simulation。

（2）../ccsv5/ccs_base/simulation_keystone1。

（3）../ccsv5/ccs_base/simulation_keystone2。

（4）../ccsv5/ccs_base/common/targetdb/connections/tisim_connection.xml。

（5）../ccsv5/ccs_base/common/targetdb/configurations。

（6）../ccsv5/ccs_base/common/targetdb/drivers。

1.3 注意事项

（1）相关软件须在 Windows 7 及以上版本的操作系统上安装。

（2）本实验手册都是在 E 盘文件夹"DSP_Projects"中讨论，而"DSP_Projects"中已经包含源代码，因此用户在自行编写程序时，应避免和"DSP_Projects"中的源代码相冲突。建议用户在具体进行实验代码编写时，若发现新建程序工程名和源代码中的工程名重名，则自行设立新的实验程序文件夹，从而在新命名的实验程序文件夹中创立工程、编写代码。

（3）用户自行创建实验程序文件夹时，建议文件夹路径名中不要包含中文。

（4）不建议在 PC 桌面创建工程。

（5）每次实验、程序下载前需要连上电源线，给 CD6655-DSK 上电。

（6）每次实验、程序下载前需要使用 USB 线连接 PC 和 CD6655-DSK 的 J13，以便程序下载、调试。

2 DSP 程序设计、调试与分析实验

2.1 实验准备

（1）确保 CCS 的软件仿真工具（Simulator）工作正常。

（2）准备 Matlab 软件或其他可进行 FIR 滤波器设计的软件，用于设计 FIR 滤波器，得到 FIR 滤波器系数。

2.2 实验工程建立

（1）启动 CCS 软件，选择菜单 File-> New-> CCS Project，打开"CCS Project"对话框，设置相关参数（注：主要有 Target、Connection、Project name 需要用户设置，其余参数一般为默认项）。

注意： 保证新建工程名的唯一性。

（2）展开 Advanced Settings（或 Tool chains），设置 Little Endian 模式，并选择 CMD 文件。可以选择 C66x DSP 的模板 CMD 文件（66AK2Gxx_C66.cmd），该文件将被自动复制到当前工程目录；也可以通过浏览按钮使用其他配置好的 CMD 文件，还可以在工程中新建 CMD 文件。

注意： 保存位置为当前工程所在目录，即可启用该 CMD 文件。

（3）单击"Finish"按钮，创建工程，进入 CCS EDIT 视图。

2.3 实验程序编写

（1）新建 main.c 文件，输入如下主程序，保存位置为当前工程所在目录。

```c
#include <stdio.h>
#include <stdlib.h>
#include <c6x.h>
#include "Fir_coef.h"
#define NX (80)
short inSignal[NX];
short x[NX];
short h[2*NH];
short r[NX];
short db[NX+2*NH-1];
short * const ptr_x = x;
short * const ptr_h = h;
short * const ptr_r = r;
short * const ptr_db = db;
void FIR(short* x,short* h,short* y,short* DataBuf,short nh,short nx);
void fileIO(void){                    //read data from file }
int main()
{
    int i, nx, nh;
    unsigned int num = 0, flag = 1;
    for (i = 0; i < NH; i++)
    {
        ptr_h[i] = Coef_fir[i];
        ptr_h[2*NH-1-i] = Coef_fir[i];
    }
    nh = NH*2;
    nx = NX;
```

```
    for (i = 0;i < nh + nx - 1;i ++ )
    {
        ptr_db[ i] = 0;
    }
    for (i = 0;i < nh + nx - 1;i ++ )
        ptr_x[ i] = 0;
    while (flag)
    {
        fileIO( );
        for(i = 0;i < nx;i ++ )
            ptr_x[ i] = inSignal[ i];
        FIR(ptr_x,ptr_h,ptr_r,db,nh,nx);
        num ++ ;
    }
}
void FIR(short* x,short* h,short* y,short* DataBuf,short nh,short nx)
{
    int i,j;
    int sum;
    for(j = 0;j < nx;j ++ )
    {                                                       //Loop1
        sum = 0;
        DataBuf[ nh - 1 + j] = x[ j];
        for(i = 0;i < nh;i ++ )                             //inner loop in Loop1
            sum + = DataBuf[ nh - 1 + j - i] * h[ i];
        y[ j] = sum > > 16;
    }
    for(i = 0;i < nh - 1;i ++ )                             //Loop2
        DataBuf[ i] = DataBuf[ nx + i];
}
```

（2）程序代码中的 Fir_coef.h 头文件保存有设计的 FIR 滤波器系数，可以通过 Matlab 软件的 FilterDesigner 工具设计，该文件保存在 main.c 的同一路径下。本例设计的滤波器系数存于 Fir_coef.h 文件中的 Coef_fir 数组中，为了节省空间，利用滤波器冲击响应的对称特征(本例为偶对称性)实际仅存储系数个数的一半,计作 NH。

> **注意：**根据设计的滤波器冲击响应对称性(偶对称或者奇对称)，需要对 main.c 中滤波器系数初始化的代码段进行修改。

(3) 新建目标配置文件，在 Connect 项选择 Texas Instruments Simulator,然后在 Board or Device 选择 C6657 Device Functional Simulator、Little Endian。

> **注意：**选择 Little Endian 是为了保持与工程设置一致。

2.4 实验程序编译

单击工具栏上的 按钮建立 CCS 工程,生成 DSP 程序。

2.5 实验程序下载

(1) 单击工具栏上的 按钮,下载 DSP 程序到目标平台,并进入 CCS Debug View 界面。

(2) 在 main.c 的以下 3 条语句前加上断点。

fileIO( );

FIR(ptr_x,ptr_h,ptr_r,db,Nh,Nx);

num++;

(3) 在 View 菜单中选择 Breakpoints 命令,打开 Breakpoints 窗口,找到"fileIO( );"语句对应的断点,单击右键,在弹出的快捷菜单中选择"Properties"命令,打开"Properties for"窗口编辑断点属性,如图 2-1 所示,数据文件见实验共享的资料包。

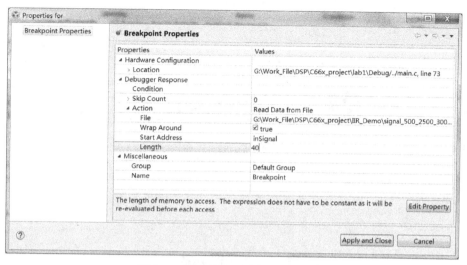

图 2-1 从文件中读数据的设置方法

2.6 实验程序运行

（1）单击 ▶ 按钮，运行 DSP 程序。

（2）利用 Tool 菜单下的 Graph 菜单项，分析输入信号、滤波器冲击响应和输出信号的时频域图形，评估 FIR 滤波的效果。

（3）利用 Run 菜单下的 Clock 菜单项剖析 FIR 函数调用消耗的指令周期。

（4）可以利用编译器优化、TI 提供的优化代码资源库等方法优化本实验的 DSP 程序，在程序工作正常的情况下通过 Profiler 工具评估优化效果。

3 GPIO 实验

3.1 实验准备

（1）确保 CD6655-DSK 工作正常。

（2）在 E:\DSP_Projects\include 文件夹里包含"C6655RegAdder.h"文件。"C6655RegAdder.h"文件定义了程序中使用到的 C6655 的寄存器地址。

（3）本实验以 C6655 控制 LED 闪烁为例。

3.2 实验工程建立

（1）打开 CCS，选择菜单 Project-> New CCS Project，打开如图 3-1 所示的窗口，按图中内容设置相关参数（注：主要有 Target、Connection、Project name 需要用户设置，其余参数一般为默认项）。

> **注意**：若 E:\DSP_Projects 中已有 GPIO14_LED，请把源代码移出本文件夹；或者修改本工程名，以保证新建工程名的唯一性。

3 GPIO 实验

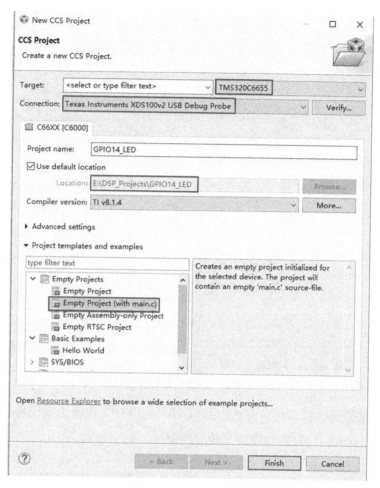

图 3-1 CCS 工程导入

注：若用户不希望自己创建新程序，想直接使用源代码程序，则可选择菜单 Project->Import CCS Projects，把 E:\DSP_Projects 中的 GPIO14_LED 工程直接导入。

（2）在（1）设置完成后，单击如图 3-1 所示窗口中的"Finish"按钮，得到新建的工程，如图 3-2 所示。

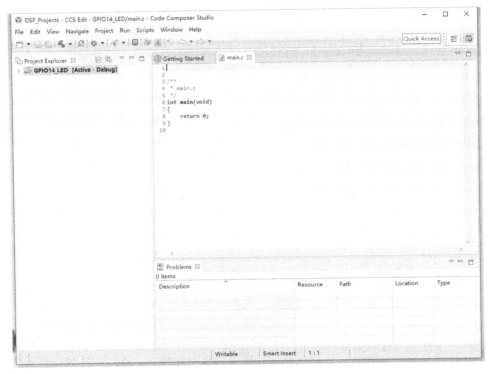

图 3-2　LED 工程界面图

（3）右击如图 3-2 所示的工程栏中的"GPIO14_LED"，在弹出的快捷菜单中选择最后一个菜单"Properties"，打开如图 3-3 所示的窗口。

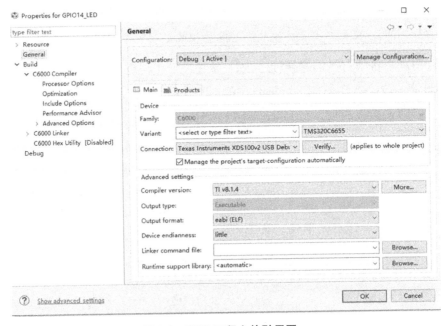

图 3-3　LED 工程文件引用图一

3 GPIO 实验

（4）单击菜单 Build-> C6000 Compiler-> Include Options，在图 3-4 右侧面板中可以看到工程已经包含的 include 路径。单击框中的 按钮，添加本工程需要的 include 路径："../../include" "C:\ti\pdk_c665x_2_0_7\packages"，分别如图 3-5、图 3-6 所示。

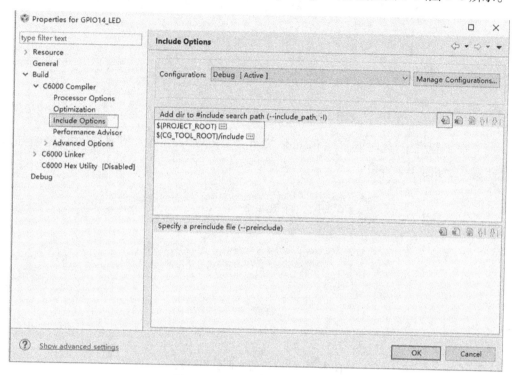

图 3-4　LED 工程文件引用图二

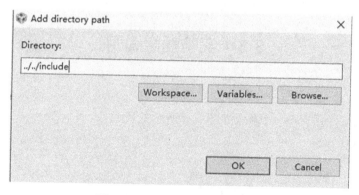

图 3-5　LED 工程文件引用图三

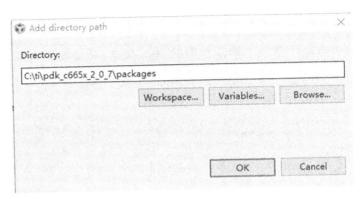

图 3-6　LED 工程文件引用图四

（5）在工程栏中，此时能发现 include 文件，"C6655RegAdder.h"头文件已经被加入当前工程中，如图 3-7 所示。

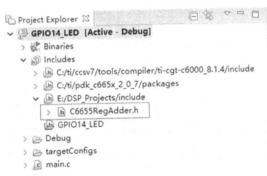

图 3-7　LED 工程文件引用图五

3.3　实验程序编写

在工程栏中，打开 main.c，输入如图 3-8 所示的代码。

```c
int main(void)
{

    HW_WR_REG32(DIR,0xFFFFBFFFU);//GPIO14 configured as out pin

    while(1)
    {
        delay(20000000);
        HW_WR_REG32(SET_DATA,1<<14);//GPIO14 set 1--turn on LED
        delay(20000000);
        HW_WR_REG32(CLR_DATA,1<<14);//GPIO14 set 0--turn off LED
    }
    return 0;
}
```

图 3-8　LED 工程源代码

3.4 添加 CMD 文件

(1) 右击工程栏中的"GPIO14_LED",选择菜单 New-> File,如图 3-9 所示。

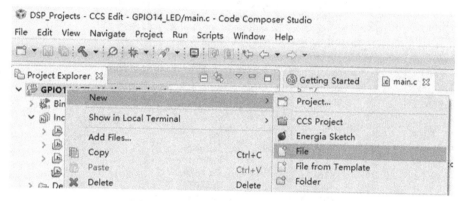

图 3-9　LED 工程 CMD 文件添加图一

(2) 打开如图 3-10 所示的对话框,输入文件名(用户自定义,后缀名须保证为".cmd")。

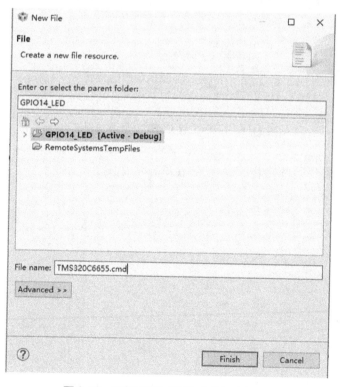

图 3-10　LED 工程 CMD 文件添加图二

(3) 单击"Finish"按钮,对新建的 CMD 文件进行编辑,如图 3-11 所示。

```
-heap   0x50000
-stack  0x10000
MEMORY
{
    LL2RAM       o = 0x00800000   l = 0x00100000
    LL1PRAM      o = 0x00E00000   l = 0x00008000
    LL1DRAM      o = 0x00F00000   l = 0x00008000
    SL2IBL0      o = 0x10800000   l = 0x00020000
    SL2RAM0      o = 0x10820000   l = 0x000E0000
    SL1PRAM0     o = 0x10E00000   l = 0x00008000
    SL1DRAM0     o = 0x10F00000   l = 0x00008000
    SL3ROM(RX)   o = 0x20B00000   l = 0x20B20000
    EMIF16_CS2   o = 0x70000000   l = 0x04000000
    EMIF16_CS3   o = 0x74000000   l = 0x04000000
    EMIF16_CS4   o = 0x78000000   l = 0x04000000
    EMIF16_CS5   o = 0x7C000000   l = 0x04000000
    MSMCSRAM     o = 0x0C000000   l = 0x00100000
    DDR3         o = 0x80000000   l = 0x20000000
}
SECTIONS
{
    .text:_c_int00   >  SL2RAM0
    .text            >  SL2RAM0
    .cinit           >  SL2RAM0
    .const           >  SL2RAM0
    .switch          >  SL2RAM0
    .stack           >  SL2RAM0
    .far             >  SL2RAM0
    .fardata         >  SL2RAM0
    .cio             >  SL2RAM0
    .sysmem          >  DDR3
    GROUP
    {
        .neardata
        .rodata
        .bss
    }                >  SL2RAM0
    platform_lib     >  SL2RAM0
}
```

图 3-11 LED 工程 CMD 文件添加图三

注意:该 CMD 文件通用性较强,后续实验工程均可使用。

3.5 实验程序编译

单击菜单 Project-> Build Project,对编写的 LED 工程进行编译。若无语法错误,则编译结果将显示在 CCS 软件左下角。本实验程序编译结果如图 3-12 所示。

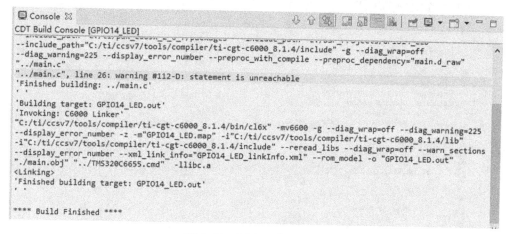

图 3-12　LED 工程编译图

3.6 实验程序下载

单击菜单 Run-> Debug,对编译完成的 LED 工程进行下载。下载结果如图 3-13 所示。

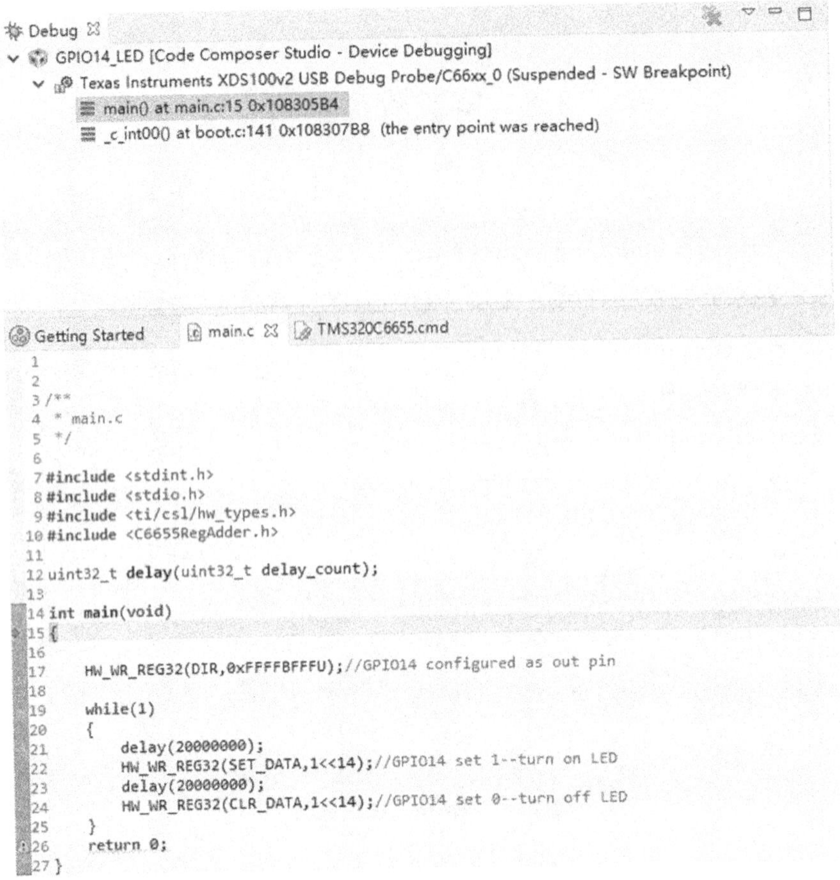

```
 1
 2
 3 /**
 4  * main.c
 5  */
 6
 7 #include <stdint.h>
 8 #include <stdio.h>
 9 #include <ti/csl/hw_types.h>
10 #include <C6655RegAdder.h>
11
12 uint32_t delay(uint32_t delay_count);
13
14 int main(void)
15 {
16
17     HW_WR_REG32(DIR,0xFFFFBFFFU);//GPIO14 configured as out pin
18
19     while(1)
20     {
21         delay(20000000);
22         HW_WR_REG32(SET_DATA,1<<14);//GPIO14 set 1--turn on LED
23         delay(20000000);
24         HW_WR_REG32(CLR_DATA,1<<14);//GPIO14 set 0--turn off LED
25     }
26     return 0;
27 }
```

图 3-13　LED 工程下载图

3.7　实验程序运行

单击菜单 Run-> Resume，运行 LED 工程，将在 CD6655-DSK 上看到 LED 灯（D8）闪烁。

调试按钮如图 3-14 所示，功能依次为：开始执行、暂停、结束、Step into、Step over、Step return。

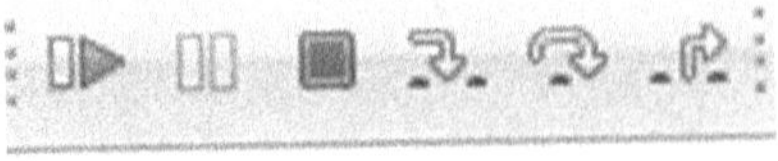

图 3-14　LED 调试按钮

4　UART 实验

4.1　实验准备

（1）确保 CD6655-DSK 工作正常。

（2）确保在 E:\DSP_Projects 文件夹中已包含完整的"UART"工程文件夹，其中有"main.c""TMS320C6655.cmd"等文件。

（3）确保在 E:\DSP_Projects\include 文件夹中已包含"C6655RegAdder.h"头文件（定义了程序中使用到的 C6655 的寄存器地址）。

注：本实验以 C6655 通过 UART 和 PC 通信为例。

4.2　C6655 PLL 简介

4.2.1　PLL 整体流向图

DSP 时钟的总体流向如图 4-1 所示。外部时钟 CORECLK(P/N)经过 PLLD 分频，PLLM 倍频，再由 OUTPUT DIVIDE 分频形成 PLLOUT。PLLOUT 经过分频器 PLLDIV1 至 PLLDIV11 各自形成输出 SYSCLK1 至 SYSCLK11。其中 SYSCLK1 为 C6655 工作时钟，SYSCLK7 为低速外设的输入时钟（包括 UART），同时 SYSCLK7 也是 C6655 管脚 SYSCLKOUT 的驱动时钟。

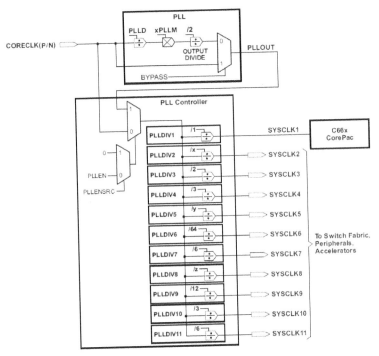

图 4-1　C6655 PLL 流向图

4.2.2　PLLD 和 PLLM 的硬件设定

PLLD 和 PLLM 的硬件设定如表 4-1 所示。BOOTMODE[12:10]决定 PLLD 和 PLLM 的大小。

表 4-1　PLLD 和 PLLM 的硬件设定

BOOTMODE [12:10]	INPUT CLOCK FREQ(MHz)	850 MHz DEVICE			1000 MHz DEVICE			1250 MHz DEVICE		
		PLLD	PLLM	DSP f	PLLD	PLLM	DSP f	PLLD	PLLM	DSP f
0b000	50.00	0	33	850	0	39	1000	0	49	1250
0b001	66.67	1	50	850.04	0	29	1000.05	1	74	1250.063
0b010	80.00	3	84	850	0	24	1000	3	124	1250
0b011	100.00	0	16	850	0	19	1000	0	24	1250
0b100	156.25	49	543	850	4	63	1000	0	15	1250
0b101	250.00	4	33	850	0	7	1000	0	9	1250
0b110	312.50	49	271	850	4	31	1000	0	7	1250
0b111	122.88	5	82	849.92	28	471	999.989	28	589	1249.986

(1) The PLL boot configuration table above may not include all the frequency values that the device supports.

PLLOUT 时钟的输入由公式(4-1)决定。

$$PLLOUT = CLK = CLKIN * (PLLM + 1)/(PLLD + 1)/2 \quad (4-1)$$

式中：CLKIN——外部输入 CORECLK(P/N)时钟；

PLLM——倍频参数。

实际计算举例：

系统复位时 BOOTMODE[12:10]为 0b111，CORECLK(P/N)时钟输入为 62.5 MHz。C6655 型号为 1G，由表 4-1 可得到 PLLM 为 471，PLLD 为 28。

由公式(4-1)可得

PLLOUT = 62.5 * (471 + 1)/(28 + 1)/2 = 508620689.6552 Hz。

4.2.3 PLLM 和 PLLD 的软件设定

PLLM 的值在 C6655 复位时由外部管脚 BOOTMODE[12:10]决定。复位后 PLLM 寄存器和 MAINPLLCTL0 寄存器反映 BOOTMODE[12:10]决定的 PLLM 值。若用户通过软件对 PLLM 寄存器和 MAINPLLCTL0 寄存器写入新的参数，则 C6655 按新的参数计算 PLLOUT。

PLLM 寄存器(0x02310110)如图 4-2 所示。该寄存器存放了 PLLM 的第 6 位，PLLM[5:0]。PLLM 的高 12 位存放在 MAINPLLCTL0 寄存器(0x02620328)中，如图 4-3 所示。

PLLD 的值由 MAINPLLCTL0 寄存器(0x02620328)决定，如图 4-3 所示。

PLL Multiplier Control Register (PLLM)

31		6 5		0
	Reserved		PLLM	
	R-n		R/W-n	

Legend: R/W=Read/Write; R=Read only; -n=value after reset; for reset value, see the device-specific data manual

PLL Multiplier Control Register (PLLM) Field Descriptions

BIT	FIELD	DESCRIPTION
31-6	Reserved	Reserved. The reserved bit location is always read as 0. A value written to this field has no effect.
5-0	PLLM	PLL multiplier bits. Defines the frequency multiplier of the input reference clock. • 0h = ×1 multiplier rate. • 1h = ×2 multiplier rate. • 2h = ×3 multiplier rate. • 3h = ×4 multiplier rate. • 4h=3Fh = ×5 multiplier rate to ×64 multiplier rate.

图 4-2 PLLM 低位寄存器设定图

Main PLL Control Register 0 (MAINPLLCTL0)

31 24	23 19	18 12	11 6	5 0
BWADJ[7:0]	Reserved	PLLM[12:6]	Reserved	PLLD
RW-0000 0101	RW-0000 0	RW-0000000	RW-0000000	RW-0000000

Legend: RW=Read/Write; -n=value after reset

Main PLL Control Register 0 (MAINPLLCTL0) Field Descriptions

BIT	FIELD	DESCRIPTION
31-24	BWADJ[7:0]	BWADJ[11:8] and BWADJ[7:0] are located in separate registers. The combination (BWADJ[11:0]) should be programmed to a value related to PLLM[12:0] value based on the equation: BWADJ = ((PLLM+1)>>1)-1
23-19	Reserved	Reserved
18-12	PLLM[12:6]	A 13-bit bus that selects the values for rhe multiplication factor
11-6	Reserved	Reserved
5-0	PLLD	A 6-bit bus that selects the values for the reference divider

图 4-3 PLLM 高位寄存器设定图

4.2.4 OUTPUT_DIVIDE 的设定

OUTPUT_DIVIDE 参数通过 SECCTL 寄存器(0x02310108)设定,如图 4-4 所示,默认是 1。

PLL Secondary Control Register (SECCTL)

31 24	23	22 19	18 0
Reserved	BYPASS	OUTPUT_DIVIDE	Reserved
R-0000 0000	RW-0	RW-0001	RW-001 0000 0000 0000 0000

Legend: RW=Read/Write; R=Read only; -n=value after reset

PLL Secondary Control Register (SECCTL) Field Descriptions

BIT	FIELD	DESCRIPTION
31-24	Reserved	Reserved
23	BYPASS	Main PLL Bypass Enable • 0 = Main PLL Bypass disabled. • 1 = Main PLL Bypass disabled.
22-19	OUTPUT_DIVIDE	Output Divider ratio bits. • 0h = ÷1. Divide frequency by 1. • 1h = ÷2. Divide frequency by 2. • 2h – Fh = Reserved.
18-0	Reserved	Reserved

图 4-4 OUTPUT_DIVIDE 寄存器设定图

4.3　UART 波特率计算（分频系数）

系统复位时 BOOTMODE[12:10] 为 0b111，CORECLK(P/N) 时钟输入为 62.5 MHz。C6655 型号为 1G，由表 4-1 可得到 PLLM 为 471，PLLD 为 28。UART 的输入时钟为 SYSCLK7。SYSCLK7 的固定分频为 6。那么根据公式(4-1)可得

$$PLLOUT = 62.5 * (471+1)/(28+1)/2 = 508620689.6552 \text{ Hz}$$

进一步可得 SYSCLK7 的值为

$$PLLOUT/6 = 84770114.9425 \text{ Hz}.$$

若 UART 工作在 16 分频模式、115200 波特率，那么 UART 的分频系数为

$$84770114.9425/16/115200 \approx 46.$$

4.4　UART 传输格式

UART 传输格式如图 4-5 所示。在参数设定的情况下，一般 UART 发送方依次发送 1 位起始位、8 位数据位、1 位奇偶校验位、1 位停止位。接收方从起始位开始，按预定波特率接收后续信号。

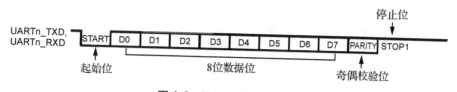

图 4-5　UART 传输格式图

4.5 UART 传输初始化次序

4.5.1 设定芯片复用管脚为 UART 管脚

通过寄存器 PIN_CONTROL_0 把复用管脚设定为 UART 管脚。具体代码为

```
temp_32data = HW_RD_REG32(PIN_CONTROL_0);
temp_32data = temp_32data & 0xFF0FFFFFU;
HW_WR_REG32(PIN_CONTROL_0,temp_32data);
```

4.5.2 设定 UART 的过采样模式的采样倍数

通过寄存器 MDR 设定 UART 的过采样倍数为 16。具体代码为

```
HW_WR_REG32(UART0_PWREMU_MDR,0x0);
```

4.5.3 设定 UART 的波特率(分频系数)

通过寄存器 UART0_DLL 和 UART0_DLH 设定 UART 的分频系数,确定 UART 的波特率。UART 的分频系数为 46(=0x2E)。具体代码为

```
HW_WR_REG32(UART0_DLL,0x2E);
HW_WR_REG32(UART0_DLH,0x00);
```

4.5.4 对 UART 的 FIFO 进行设置

```
HW_WR_REG32(UART0_FCR,0x0);//不设置 FIFO
```

4.5.5 对 UART 的通信模式进行设置

通过寄存器 UART0_LCR 把 UART 设置成 8 位数据位、0 位校验位、0 位停止位。具体代码为

```
HW_WR_REG32(UART0_LCR,0x3);
```

通过寄存器 UART0_MCR 把 UART 设置成不进行流控制,不是回环模式。具体代码为

```
HW_WR_REG32(UART0_MCR,0x0);
```

4.5.6 使能 UART

通过寄存器 UART0_PWREMU_MGMT 使能 UART 发送、接收,进入正常工作模式。具体代码为

```
HW_WR_REG32(UART0_PWREMU_MGMT,0x00007FFF);
```

4.6 UART 发送

通过寄存器 UART0_LSR 检测发送寄存器 UART0_THR 是否为空,若为空,则把要发送的数据(如 send_data[j])写入 UART0_THR,并发送出去。具体代码为

```
temp_32data = HW_RD_REG32(UART0_LSR);
temp_32data = temp_32data & 0x00000040;
while(temp_32data! = 0x00000040)//发送不空
{
    for(i = 0;i < 10;i ++ ){}
    temp_32data = HW_RD_REG32(UART0_LSR);
    temp_32data = temp_32data & 0x00000040;
}
HW_WR_REG32(UART0_THR,send_data[j]);
```

4.7 UART 接收

通过寄存器 UART0_LSR 检测接收寄存器 UART0_RBR 是否有数据,若有数据,则把寄存器 UART0_RBR 里的数据读出。具体代码为

```
temp_32data = HW_RD_REG32(UART0_LSR);
temp_32data = temp_32data & 0x00000001;
while(temp_32data! = 0x00000001)
{
    for(i = 0;i < 10;i ++ ){}
```

```
    temp_32data = HW_RD_REG32(UART0_LSR);
    temp_32data = temp_32data & 0x00000001;
}
receive_data[j] = HW_RD_REG32(UART0_RBR);
```

4.8 UART 程序运行

4.8.1 导入工程

本实验采用导入工程文件夹的方式在当前工作区建立工程。导入方法如下：

（1）选择菜单 Project->Import CCS Eclipse Projects，打开如图 4-6 所示的窗口，按照图示设置好搜索路径（工程文件夹的存放位置）。

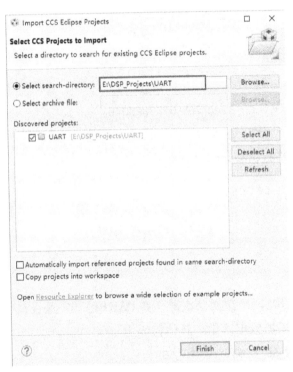

图 4-6　UART 工程导入图一

（2）单击"Finish"按钮，可以发现 UART 工程已经加入当前工作区，如图 4-7 所示。

4 UART 实验

图 4-7 UART 工程导入图二

(3) 后续设置 include 路径、编译工程、下载程序的方法均与 GPIO 实验相同。

4.8.2 设置断点和观察变量

(1) 按图 4-8 所示设置断点。

设置断点的方法：Debug 状态下，用鼠标左键双击代码行序号左侧区域，则在该行成功加入断点（取消断点操作相同）。

```
42    //发送数据
43    for(j=0;j<100;j++)
44    {
45        temp_32data = HW_RD_REG32(UART0_LSR);
46        temp_32data = temp_32data & 0x00000040;
47        while(temp_32data != 0x00000040)//发送不空
48        {
49            for(i=0;i<10;i++){}
50            temp_32data = HW_RD_REG32(UART0_LSR);
51            temp_32data = temp_32data & 0x00000040;
52        }
53        HW_WR_REG32(UART0_THR,send_data[j]);
54    }
55    //接收数据
56    for(j=0;j<100;j++)
57    {
58        temp_32data = HW_RD_REG32(UART0_LSR);
59        temp_32data = temp_32data & 0x00000001;
60        while(temp_32data != 0x00000001)//不可以接收
61        {
62            for(i=0;i<10;i++){}
63            temp_32data = HW_RD_REG32(UART0_LSR);
64            temp_32data = temp_32data & 0x00000001;
65        }
66        receive_data[j] = HW_RD_REG32(UART0_RBR);
67    }
```

图 4-8 UART 工程运行图一

(2) 观察变量。

本实验是通过 UART 向 PC 依次发送 0—99，发送完之后开始接收从 PC 发送来的数据。用户可使用串口调试助手调试（串口调试助手可自行上网下载）。

用户在 PC 上可以通过观察窗口观察变量，如图 4-9 所示，图中数据为 0x54。

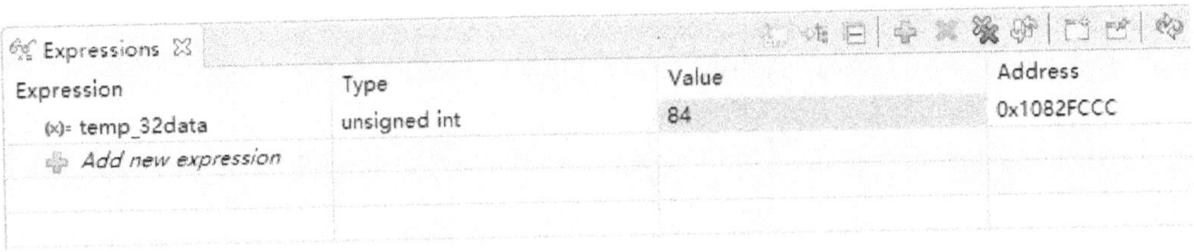

图 4-9　UART 工程运行图二

4.8.3　观察波形

在实际调试中,若需要观察实际的电信号波形,可使用示波器直接抓取实验板上的信号。

如图 4-10 所示,TX(黄色)信号线为 C6655 的 TX 管脚(TP39)信号,RX(蓝色)信号线为 C6655 的 RX 管脚(TP40)信号。图 4-10 对应的是发送过程。显而易见,示波器上显示的数据位 D0—D7 依次为 1,0,1,0,0,0,0,0,对应的发送数据为 0b00000101 = 5。

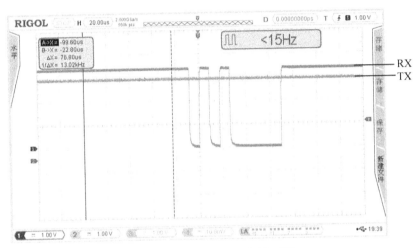

图 4-10　UART 工程运行波形图一

如图 4-11 所示,TX(黄色)信号线为 C6655 的 TX 管脚信号,RX(蓝色)信号线为 C6655 的 RX 管脚信号。图 4-11 对应的是接收过程。可见数据位 D0—D7 依次为 0,0,1,0,1,0,1,0,对应的接收数据为 0b01010100 = 0x54 = 84。

4 UART 实验

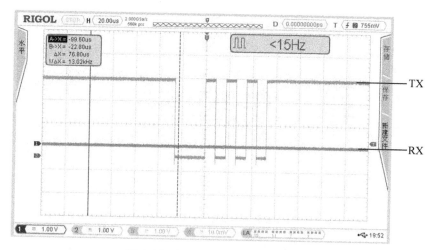

图 4-11　UART 工程运行波形图二

用户可以将示波器抓取的波形与 CCS 里观测到的数据进行对比,从而更好地理解程序原理。

5 I2C 接口实验

5.1 实验准备

（1）确保 CD6655-DSK 工作正常。

（2）确保在 E:\DSP_Projects 文件夹中已包含完整的"I2C_EEPROM"工程文件夹，其中有"main.c""TMS320C6655.cmd"等文件。

（3）确保在 E:\DSP_Projects\include 文件夹中已包含"C6655RegAdder.h"头文件（定义了程序中使用到的 C6655 的寄存器地址）。

（4）本实验以 C6655 通过 I2C 读写 EEPROM 为例。

5.2 I2C 波特率计算

I2C 的输入时钟为 SYSCLK7，其时钟图如图 5-1 所示。（input clock）SYSCLK7 = 84770114.9425 Hz。

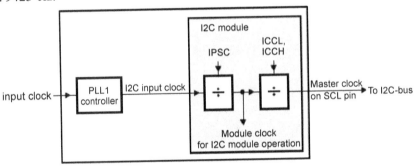

图 5-1 I2C 时钟图

I2C 的时钟频率满足公式(5-1)：

Module clock frequency = I2C input clock frequency/(IPSC + 1) (5-1)

若 IPSC = 51,那么

Module clock frequency = 1630194.51812581509 Hz.

I2C 的波特率满足公式(5-2)：

Master clock frequency = Module clock frequency/(ICCL6 + ICCH6) (5-2)

若 ICCL6 = ICCH6 = 10,那么

Master clock frequency = 81509.72591 Hz.

5.3　I2C 传输格式

5.3.1　I2C 一次传输的时序

I2C 发送方发送起始位,然后发送数据;发送方数据发送结束后,接收方发送 ACK(Acknowledge character,即确认字符);然后发送方发送停止位,至此完成一次发送。I2C 一次传输时序如图 5-2 所示。

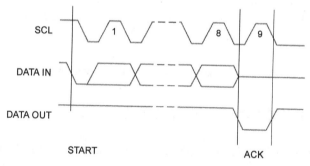

图 5-2　I2C 一次传输时序图

5.3.2　I2C 一次传输的格式

I2C 总线由 1 位时钟线和 1 位数据线组成。

I2C 的基本传输格式是

S-A-ACK-D1-ACK-D2-ACK…P

其中:S 是一次 I2C 传输的起始位,在时钟是高电平时下降沿表示有效;

A 是一次 I2C 传输目的地的芯片地址,A 还包含读写方向,以 8 位表示;

ACK 是一次 I2C 传输目的地芯片返回的确认信号，以 1 位低电平表示；

D1、D2…是一次 I2C 传输输出的数据，以 8 位表示，可以输出多个 8 位，如 D1、D2、D3…Dn，也可以只输出 1 个 8 位，如 D1；

P 是一次 I2C 传输发起方主动输出的表示本次传输完成的确认信号，在时钟是高电平时上升沿表示有效。

5.4　AT24C1024BN-SH-T 基本资料

5.4.1　AT24C1024BN-SH-T 字节写

AT24C1024BN-SH-T 字节写时序如图 5-3 所示。MOST SIGNIFICANT WORD ADDRESS、LEAST SIGNIFICANT WORD ADDRSS 是 DATA 一个字节的地址。C6655 可每次写一个字节到指定的位置。

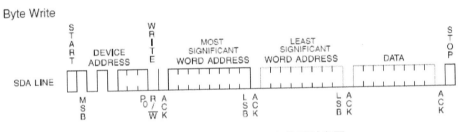

图 5-3　AT24C1024BN-SH-T 字节写时序图

5.4.2　AT24C1024BN-SH-T 随机读

AT24C1024BN-SH-T 随机读时序如图 5-4 所示。C6655 可每次到地址指定的位置读一个字节。

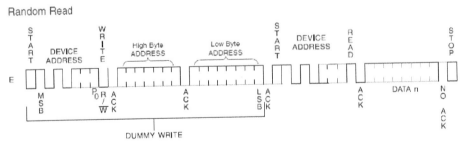

图 5-4　AT24C1024BN-SH-T 随机读时序图

5.4.3 AT24C1024BN-SH-T 的芯片地址

AT24C1024BN-SH-T 的地址如图 5-5 所示。

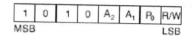

图 5-5　AT24C1024BN-SH-T 的地址

5.5　C6655-I2C 发送模式

5.5.1　C6655-I2C 发送模式

C6655 有 2 种地址，1 种是 7 位地址，1 种是 10 位地址，本文选择 7 位地址。7 位地址发送时序如图 5-6 所示。

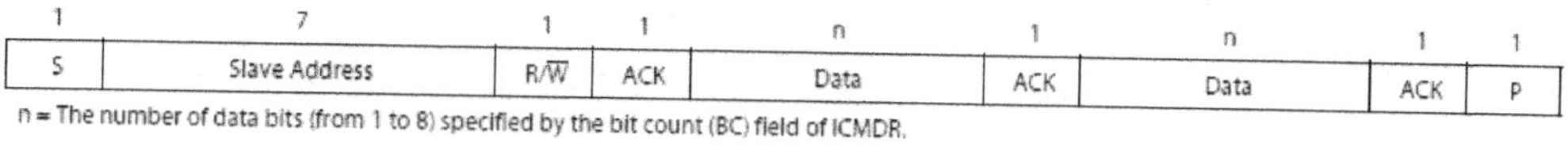

图 5-6　C6655 发送 7 位地址的时序图

5.5.2　C6655-I2C 模式设定

（1）复位 I2C，具体实现代码为

HW_WR_REG32(ICMDR,0x00000000U);

（2）C6655 设置 SCL 时钟频率，具体实现代码为

HW_WR_REG32(ICPSC,0x00000033U);

HW_WR_REG32(ICCLKH,0x0000000AU);

HW_WR_REG32(ICCLKL,0x0000000AU);

（3）C6655 使能，具体实现代码为

HW_WR_REG32(ICMDR,0x00000020U);

5.5.3　C6655-I2C 写 EEPROM

（1）C6655 发送对象的地址为 50H（芯片地址），具体实现代码为

HW_WR_REG32(ICSAR,0x00000050U);

（2）C6655 设置成发送数据为 3 个（2 个写字节地址，1 个要写的数据），具体实现代码为

HW_WR_REG32(ICCNT,0x00000003U);

（3）C6655 设置成发送数据为 RM,STT,STP=011。发送模式如表 5-1 所示。

表 5-1　I2C 发送模式配置说明

ICMDR Bit			Bus Activity	Description
RM	STT	STP		
0	0	0	None	NO activity
0	0	1	P	STOP condition
0	1	0	S-A-D..(n)..D	START condition, slave address, n data words (n = value in CCNT)
0	1	1	S-A-D..(n)..D-P	START condition, slave address, n data words, STOP condition (n = value in ICCNT)
1	0	0	None	No activity
1	0	1	P	STOP condition
1	1	0	S-A-D-D-D..	Repeat mode transfer; START condition, slave address, continuous data transfers until STOP condition or next START condition
1	1	1	None	Reserved bit combination (No activity)

End of Table 3 – 12

（4）发送 S-A，具体实现代码为

HW_WR_REG32(ICMDR,0x00002E20U);

（5）C6655 发送 1 个数据，发送 1 个 D，具体实现代码为

HW_WR_REG32(ICDXR,0x00000041U);

由此可见，连续发送 3 个数据，前面 2 个数据为 EEPROM 地址（字节地址），后面 1 个数据是写给 EEPROM 的数据。C6655 发送完 3 个数据后，自动增加一个停止位。

因此，C6655 的发送接收（接收 ACK）过程为

S-A-ACK-D1-ACK-D2-ACK-D3-ACK-P

其中：S 为起始位；

　　A 为 EEPROM 地址及读写命令；

　　ACK 为 EEPROM 发送的响应位；

　　D1、D2 为写 EEPROM 的地址；

　　D3 为写 EEPROM 的数据；

P 为停止位。

5.5.4 C6655-I2C 读 EEPROM

同样地,C6655 要读 EEPROM 则需要进行如下流程。

(1) C6655 设置成发送数据为 2 个(2 个读字节地址),具体实现代码为

HW_WR_REG32(ICCNT,0x00000003U);

(2) 发送 S-A,然后获得 ACK,具体实现代码为

HW_WR_REG32(ICMDR,0x00002620U);

(3) 发送 D1(读 EEPROM 字节的高位地址),然后获得 ACK,具体实现代码为

HW_WR_REG32(ICDXR,high_address);

(4) 发送 D2(读 EEPROM 字节的低位地址),然后获得 ACK。此时不返还停止位。

(2)—(4)发送接收(接收 ACK)数据格式为 S-A-ACK-D1-ACK-D2-ACK。具体实现代码为

HW_WR_REG32(ICDXR,low_address);

(5) C6655 设置成发送数据为 1 个,具体实现代码为

HW_WR_REG32(ICCNT,0x00000001U);

(6) 发送 S-A,然后获得 ACK,具体实现代码为

HW_WR_REG32(ICMDR,0x00002C20U);

(7) 读取指定地址的字节数据。

(6)—(7)发送接收(接收 ACK,ICDRR)数据格式为 S-A-ACK-ICDRR-ACK-P,具体实现代码为

temp_data = HW_RD_REG32(ICDRR);

因此,总的发送接收格式为 S-A-ACK-D1-ACK-D2-ACK-S-A-ACK-ICDRR-ACK-P,满足 EEPROM 的要求。

5.6 I2C 程序运行

5.6.1 设置断点和观察变量

和 UART 程序一样,先把 I2C_EEPROM 程序导入工程,然后编译、下载。下载完成后,在主程序中设置断点。如图 5-7 所示,断点分别设置在 I2C 读写操作前后,用于观察

读写过程中相关引脚的波形变化及变量变化情况。

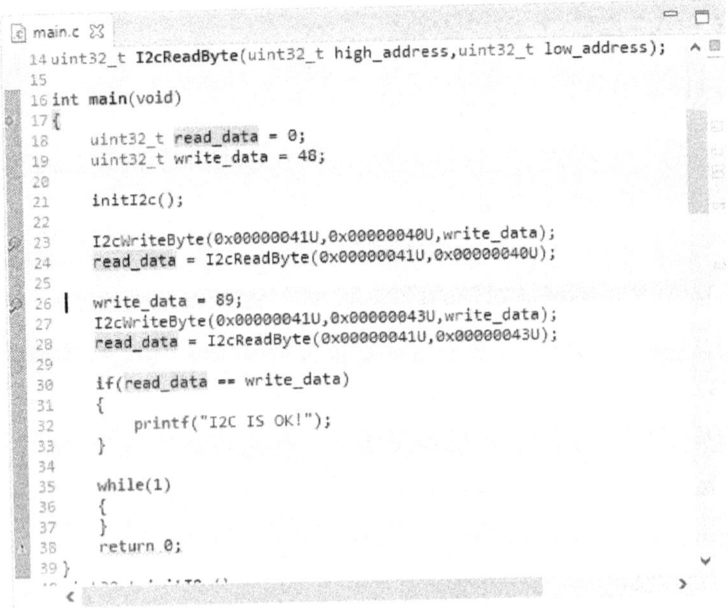

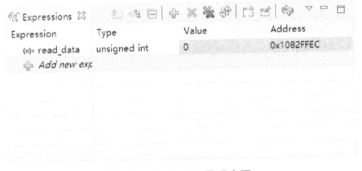

图 5-7 设置 I2C 工程断点

从图 5-8、图 5-9 可以看出，从 EEPROM 0x4140 单元读取到的内容为 48（等于写入数据 write_data），说明读写操作正确完成。

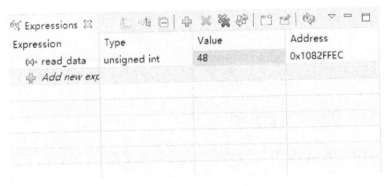

图 5-8 I2C 工程变量观察图一

图 5-9 I2C 工程变量观察图二

5.6.2 观察波形

如图 5-10 所示,SCL(黄色)信号线为 SCL 管脚(TP37)信号,SDA(蓝色)信号线为 SDA 管脚(TP38)信号。一次通过 I2C 总线向 EEPROM 指定地址写入数据的时序图(包括 4 次 I2C 传输)包括:发送芯片地址(挂载在 I2C 总线上的地址),发送目的存储单元的高字节地址、低字节地址,发送待写入的数据值。具体时序图分别为图 5-11 到图 5-14。

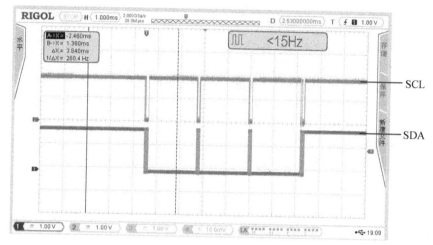

图 5-10　I2C 工程波形观察图

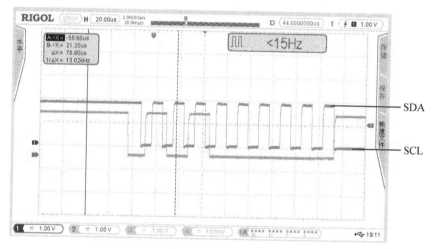

图 5-11　发送芯片地址时序图

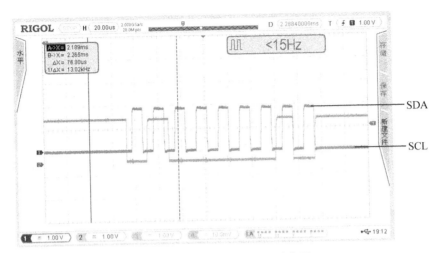

图 5-12　发送高字节地址时序图

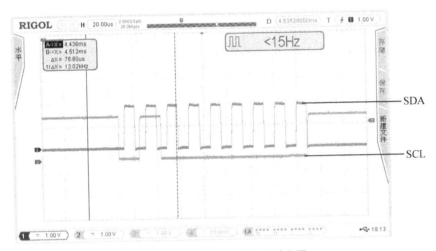

图 5-13　发送低字节地址时序图

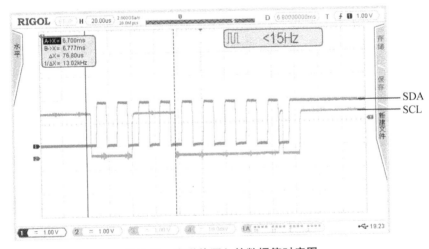

图 5-14　发送待写入的数据值时序图

图 5-11(发送芯片地址):发送的数据位 D7—D0 依次为 0,1,0,1,0,0,0,0;对应的发送数据为 0b01010000 = 0x50。

图 5-12(发送高字节地址):发送的数据位 D7—D0 依次为 0,1,0,0,0,0,0,1;对应的发送数据为 0b01000001 = 0x41。

图 5-13(发送低字节地址):发送的数据位 D7—D0 依次为 0,1,0,0,0,0,0,0;对应的发送数据为 0b01000000 = 0x40。

图 5-14(发送待写入的数据值):发送的数据位 D7—D0 依次为 0,0,1,1,0,0,0,0;对应的发送数据为 0b00110000 = 0x30 = 48。

6 SPI 实验

6.1 实验准备

（1）确保 CD6655-DSK 工作正常。

（2）确保在 E:\DSP_Projects 文件夹中已包含完整的"SPI0_FLASH"工程文件夹，其中有"main.c""TMS320C6655.cmd"等文件。

（3）确保在 E:\DSP_Projects\include 文件夹中已包含"C6655RegAdder.h"头文件（定义了程序中使用到的 C6655 的寄存器地址）。

注：本实验以 C6655 通过 SPI0 接口读、写 FLASH 为例。

注意：SPI 写实验是对 FLASH 进行写，而 FLASH 是按写次数算寿命的，写的次数越多寿命越短。因此，该实验需要在指导老师的允许下，才可以进行 FLASH 写动作。

6.2 SPI 时钟

C6655 的 SPI 的输入时钟为 SYSCLK7。

6.3 SPI 传输格式

SPI 有两种传输模式,一种是 3 线模式,另一种是 4 线模式。本实验采用 4 线模式。

SPI 数据线分 SPISIMO(主出从入)、SPISOMI(主入从出)两根。这两根同时在时钟线 SPICLK 的控制下进行数据的输入和输出。在 4 线模式下,只有在 SPISCS 位低电平时才能进行 SPI 传输。具体的 SPI 传输波形时序见图 6-1。

注意:传输数据格式为高位在前,低位在后。

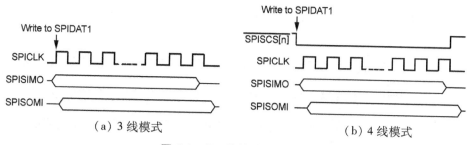

图 6-1 SPI 传输波形时序图

6.4 N25Q032A 基本资料

6.4.1 N25Q032A 读/写的三种模式

N25Q032A 读/写分为三种模式,即 Extended SPI、Dual SPI、Quad SPI。和 C6655 的 SPI 兼容的模式是 Extended SPI。

6.4.2 N25Q032A 的基本读/写流程

N25Q032A 作为 SPI 接口的 NOR FLASH,其读/写过程为
WRITE ENABLE, N25Q032A 空闲, SUBSECTOR ERASE, N25Q032A 空闲, WRITE ENABLE, PAGE PROGRAM, N25Q032A 空闲, READ。

1. WRITE ENABLE

C6655 向 N25Q032A 写 Command(06H)来设定 N25Q032A 写使能,其时序要求如图 6-2 所示。

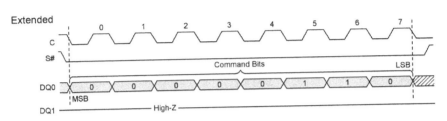

图 6-2　FLASH 写使能时序图

2. N25Q032A 空闲

C6655 通过读 N25Q032A 的 Status Register 来判断当前 N25Q032A 是否空闲。Command(05H)后面的 D_{OUT} 就是读到的 Status Register 内容。其时序如图 6-3 所示。

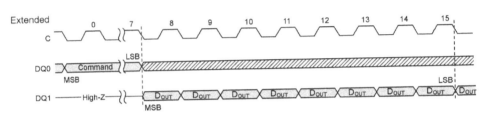

图 6-3　FLASH 空闲判断时序图

3. SUBSECTOR ERASE

C6655 通过写 SUBSECTOR ERASE 命令(Command = 20H)擦除指定位置的内容,即把指定位置的值改成 FFH,其时序如图 6-4 所示。A[MAX]—A[MIN]总共 24 位,表示需要擦除 FLASH 的具体地址。

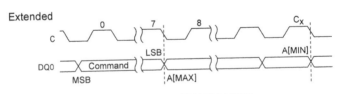

图 6-4　FLASH 被擦除时序图

4. PAGE PROGRAM

C6655 通过写 PAGE PROGRAM 命令(Command = 02H)在指定位置写入指定内容,其时序如图 6-5 所示。A[MAX]—A[MIN]总共 24 位,表示需要写入 FLASH 的具体地址。后面 D_{IN} 最少 1 个字节,最多 256 个字节。

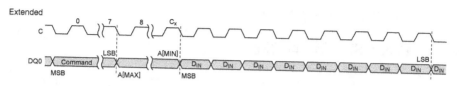

图 6-5　FLASH 写数据时序图

5. READ

C6655 通过写 READ 命令(Command = 03H)读取指定位置的内容,其时序如图 6-6 所示。A[MAX]—A[MIN]总共 24 位,表示需要读取 FLASH 的具体地址。后面 D_{OUT} 最少 1 个字节,最多 256 个字节。

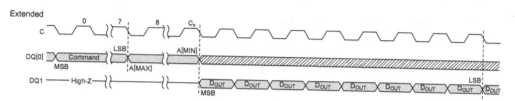

图 6-6　FLASH 读数据时序图

6.5　C6655 SPI0 实现 NOR FLASH 读/写

6.5.1　C6655 SPI0 初始化实现

(1) 复位 SPI,具体实现代码为

HW_WR_REG32(SPIGCR0,0x00000000U);

(2) 使 SPI 跳出复位状态,具体实现代码为

HW_WR_REG32(SPIGCR0,0x00000001U);

(3) 设置 SPI 工作在主模式,输出时钟,具体实现代码为

HW_WR_REG32(SPIGCR1,0x00000003U);

(4) 设置 SPI 工作在 4 线模式,具体实现代码为

HW_WR_REG32(SPIPC0,0x00000E01U);

(5) 设置 SPI 时钟无效时为高电平,设置 SPI 时钟分频系数,设置 SPI 的 1 次读写长度为 8 位,设置 SPI 数据锁存在时钟的上升沿,输入时钟来自 SYSCLK7。

HW_WR_REG32(SPIFMT0,0x0002A808);

(6) 使能 SPI 接口,具体实现代码为

HW_WR_REG32(SPIGCR1,0x01000003U);

6.5.2 C6655 SPI0 读/写实现

在 SPI 初始化完成后,把 32 位数据(低 8 位是需要发送的数据)按 SPIDAT1 寄存器要求写入寄存器 SPIDAT1 中。SPIDAT1 的低 16 位 TXDATA 就把其中的低 8 位数据通过 SPISIMO 管脚发送出去,同时,SPICLK 发送时钟,SPISCS 输出低电平,SPISOMI 输入 8 位数据。显然,此时去读 SPIBUF 里的数据,就能读到 SPISOMI 输入的 8 位数据(读数据前,需要检查一下 SPIBUF 里的标志位,有没有表示数据接收到,若表示数据接收到了,则可以读取)。

```
uint32_t Spi0_read()//SPI 读程序
{
    while( (HW_RD_REG32(SPIBUF)& 0x80000000U) ==0x80000000U )
    {
    }
    return(HW_RD_REG32(SPIBUF));
}
//SPI 写程序
uint32_t Spi0_write(uint32_t write_data,uint32_t cs_hold)
{
    //28 CSHOLD = 0 The SPISCS[n] to SPISCS[0] pins are restored to CSDEF[n:0] bits in SPIDEF register at the end of a transfer
    //26 WDEL = 0 No delay will be inserted
    //25-24 DFSEL = 0 Data word format 0 is selected
    //23-16 CSNR = 0 Chip select number SPISCS[0]
    //15-0 TXDATA = 0
    HW_WR_REG32(SPIDAT1,write_data |cs_hold);
    return 1;
}
```

HW_WR_REG32(SPIDAT1,write_data |cs_hold);

把 32 位数据 write_data 写入 SPIDAT1 寄存器,同时要把 cs_hold 也写入 SPIDAT1 寄存器。若 cs_hold 为 0x800000000,则设置 SPIDAT1 在发送 TXDATA 数据后,CS 拉高,表示 1 次 SPI 传输结束;若 cs_hold 为 0x00000000,则设置 SPIDAT1 在发送 TXDATA 数据后,CS 保持低电平,表示本次 SPI 没有结束,在有时钟传输时,会在时钟上升沿继续锁定数据。

由于 C6655 的 SPI 一次最多传输 16 位数据，所以当外设有需要 SPI 传输超过 16 位数据的要求时，就要采用 cs_hold 模式，主动增加 1 次传输的数据位数。

6.5.3 C6655 SPI0 实现读 FLASH 的状态寄存器（Spi0_flash_READ_STATUS_REGISTER）

（1）定义临时变量，具体实现代码为

uint32_t temp_data = 0;

（2）发送读状态寄存器的命令，具体实现代码为

Spi0_write(N25Q032A_flash_READ_STATUS_REGISTER_command,Spi0_cs_Hold);

（3）读在发送读状态寄存器命令时，SPI 接收的无意义数据，具体实现代码为

temp_data = Spi0_read();

（4）设定要传输的无意义数据，具体实现代码为

temp_data = 0;

（5）发送无意义数据，目的是为了获取有意义的接收数据，具体实现代码为

Spi0_write(temp_data,Spi0_cs_NoHold);

（6）读取状态寄存器的数据，具体实现代码为

temp_data = Spi0_read();

注意 cs_hold 的变化，N25Q032A 要求状态寄存器的命令和数据要在 1 次 SPI 传输中完成。

6.5.4 C6655 SPI0 实现 FLASH 的 WRITE ENABLE

（1）设置临时变量，具体实现代码为

uint32_t temp_data = 0;

（2）发送写使能命令，具体实现代码为

Spi0_write(N25Q032A_flash_WRITE_ENABLE_command,Spi0_cs_NoHold);

（3）把接收寄存器中接收的无意义数据读出，具体实现代码为

temp_data = Spi0_read();

6.5.5 C6655 SPI0 判断 FLASH 是否空闲

uint32_tSpi0_flash_is_ready()
{
    uint32_t temp_data = 0x1;

```
        while(temp_data==0x1)
        {
          Spi0_write(N25Q032A_flash_READ_STATUS_REGISTER_command,Spi0_cs_Hold);
          temp_data = Spi0_read();
          Spi0_write(temp_data,Spi0_cs_NoHold);
          temp_data = Spi0_read();
          temp_data = 0x00000001 & temp_data;//通过读到的数据判断FLASH当前是否空闲
        }
        return temp_data;
    }
```

6.5.6 C6655 SPI0 擦除 FLASH

```
uint32_tSpi0_flash_SUBSECTOR_ERASE(uint32_t subsector_address)
{
    uint32_t temp_data = 0;
    //发送擦除命令
    Spi0_write(N25Q032A_flash_SUBSECTOR_ERASE,Spi0_cs_Hold);
    temp_data = Spi0_read();
    temp_data = (0x00ff0000 & subsector_address)>>16;//发送24位地址
    Spi0_write(temp_data,Spi0_cs_Hold);
    temp_data = Spi0_read();
    temp_data = (0x0000ff00 & subsector_address)>>8;
    Spi0_write(temp_data,Spi0_cs_Hold);
    temp_data = Spi0_read();
    temp_data = (0x000000ff & subsector_address);
    Spi0_write(temp_data,Spi0_cs_NoHold);
    temp_data = Spi0_read();//读出没有意义的接收数据
    return 1;
}
```

6.5.7 C6655 SPI0 写 FLASH

uint32_tSpi0_flash_PAGE_PROGRAM(uint32_t subsector_address,uint32_t sub-

sector_data)
{
    uint32_t temp_data = 0;
    //发送写命令
    Spi0_write(N25Q032A_flash_PAGE_PROGRAM_command,Spi0_cs_Hold);
    temp_data = Spi0_read();
    temp_data = (0x00ff0000 & subsector_address) >> 16;//发送24位地址
    Spi0_write(temp_data,Spi0_cs_Hold);
    temp_data = Spi0_read();
    temp_data = (0x0000ff00 & subsector_address) >> 8;
    Spi0_write(temp_data,Spi0_cs_Hold);
    temp_data = Spi0_read();
    temp_data = (0x000000ff & subsector_address);
    Spi0_write(temp_data,Spi0_cs_Hold);
    temp_data = Spi0_read();
    temp_data = (0x000000ff & subsector_data);
    Spi0_write(temp_data,Spi0_cs_NoHold);//发送写8位数据
    temp_data = Spi0_read();//读出无意义的数据
    return temp_data;
}

6.5.8 C6655 SPI0 读 FLASH

uint32_tSpi0_flash_READ(uint32_t subsector_address)
{
    uint32_t temp_data = 0;
    Spi0_write(N25Q032A_flash_READ_command,Spi0_cs_Hold);//发送读命令
    temp_data = Spi0_read();
    temp_data = (0x00ff0000 & subsector_address) >> 16;//发送24位地址
    Spi0_write(temp_data,Spi0_cs_Hold);
    temp_data = Spi0_read();
    temp_data = (0x0000ff00 & subsector_address) >> 8;
    Spi0_write(temp_data,Spi0_cs_Hold);
    temp_data = Spi0_read();

```
temp_data = (0x000000ff & subsector_address);
Spi0_write(temp_data,Spi0_cs_Hold);
temp_data = Spi0_read();
temp_data = 0x0;
Spi0_write(temp_data,Spi0_cs_NoHold);//发送无意义的数据
temp_data = Spi0_read();//读出数据
temp_data = 0x000000ff & temp_data;
return temp_data;
}
```

6.6 SPI 程序运行

6.6.1 设置断点和观察变量

和 UART 程序一样,先把 SPI0_FLASH 程序导入工程,然后编译、下载。

设置的断点如图 6-7 所示。

观察变量:从图 6-8、图 6-9 可以看出,从 FLASH 0x111124 单元读取到的内容为 57(等于写入数据 write_data),说明读写操作正确完成。

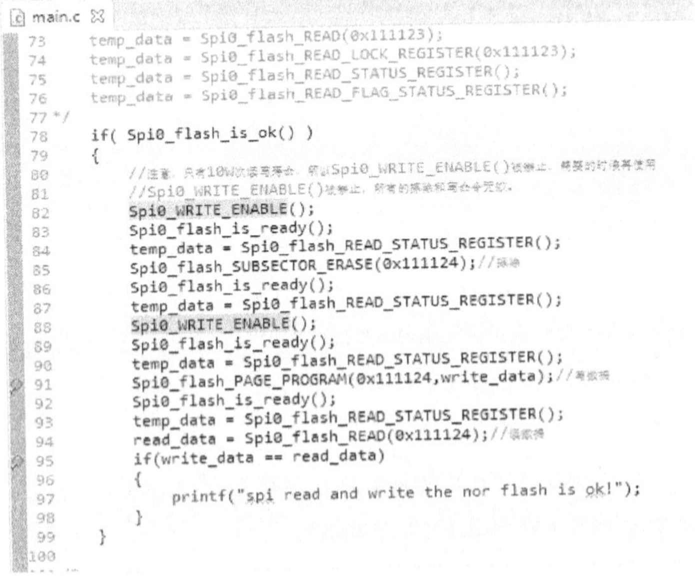

图 6-7 FLASH 写数据程序图

6 SPI 实验

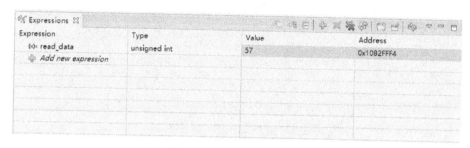

图 6-8　FLASH 读数据图一

图 6-9　FLASH 读数据图二

6.6.2　观察波形

图 6-10 是一次通过 SPI 接口向 FLASH 写入数据的完整时序图。TP34（红色）信号线为 SPISIMO 管脚信号，TP36（黄色）信号线为 SPISCS 管脚信号，TP33（蓝色）信号线为 SPICLK 管脚信号。从图 6-10 可以看出，传输过程中 SPISCS 管脚信号有 5 次变化，分别对应的是命令数据、单元地址、待写入数据的发送操作。

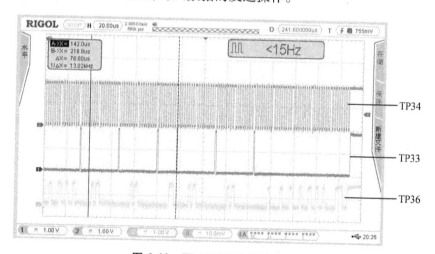

图 6-10　FLASH 写数据波形图一

47

图 6-11 是通过 SPI 接口向 FLASH 写入数据的时序图（不包括指令、地址信号的传输过程）。发送的数据位 D7—D0 依次为 0,0,1,1,1,0,0,1；对应的发送数据为 0b00111001 = 0x39 = 57。

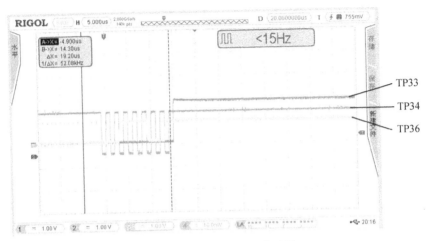

图 6-11　FLASH 写数据波形图二

> **注意**：FLASH 的存储单元地址为 24 位，本实验采用 SPI 的传输字长为 8 位，因此地址数据需要 3 次写操作。整个过程中 CSHOLD 位均置 1，SPISCS 一直保持低电平，说明 5 次写操作都是在 1 次 SPI 传输中完成。对于最后一次写操作，CSHOLD 位置 0，即 8 位数据传输完成后，SPISCS 自动拉高，SPICLK 也停止产生时钟信号，表明此次 SPI 传输结束。

7 EMIF 16 实验

7.1 实验准备

（1）确保 CD6655-DSK 工作正常。

（2）确保在 E:\DSP_Projects 文件夹中已包含完整的"EMIF_FLASH"工程文件夹，其中有"main.c""TMS320C6655.cmd"等文件。

（3）确保在 E:\DSP_Projects\include 文件夹中已包含"C6655RegAdder.h"头文件（定义了程序中使用到的 C6655 的寄存器地址）。

注：本实验以 C6655 通过 EMIF 16 接口读/写 NAND FLASH 为例。

> **注意**：EMIF 16 写实验是对 FLASH 进行写，而 FLASH 是按写次数算寿命的，写的次数越多寿命越短。因此，该实验需要在指导老师的允许下，才可以进行 FLASH 写动作。

7.2 EMIF 16 时钟

EMIF 16 的输入时钟为 SYSCLK7。

7.3 NAND Flash

7.3.1 NAND Flash 结构地址说明

NAND Flash 通过块、页、列地址来管理，如图 7-1 所示。1 G = 1024 块×64 页×(2 K + 64)列地址来组成。

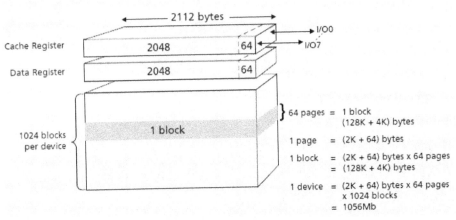

图 7-1 NAND Flash 结构图

用 Cx 表示列地址，Rx 表示页地址和块地址。

比如 C1 = 1，C2 = 1，R1 = 1，R2 = 1，那么 CA0 = 1，CA8 = 1，PA0 = 1，PA8 = 1，就是 4 块、1 页、0x101 列地址指定的位置。在后面的论述中，把 C1、C2 定义为 First、Second 地址，R1、R2 定义成 Third、Fourth 地址。

7.3.2 NAND Flash 读写说明

NAND Flash 结构分为存储矩阵和缓冲。用户一般在缓冲中读写。NAND Flash 的读写次序如下：

(1) 擦除(NAND Flash 擦除只能块擦除,此时只和块地址有关)。

(2) 判断擦除是否完成。

(3) 烧录(NAND Flash 只能页烧录,此时除了和页地址、块地址有关外,还和列地址有关,列地址决定烧录从当前指定页的那个列地址开始烧录)。

(4) 判断烧录是否完成。

(5) 读取(NAND Flash 只能页读取,把指定页传送到缓冲)。

(6) 判断读取是否完成。

(7) 随机读取(NAND Flash 能通过指定列地址,在缓冲中按指定列地址开始的位置把数据读走)。

7.3.3 NAND Flash 读/写时序要求

NAND Flash 只有 8 位数据线,因此要在 8 位数据线上完成命令访问、地址访问、数据访问。

这些访问都是通过 C6655 的地址线控制 NAND Flash 的控制线完成的。因此对于 C6655 来说,NAND Flash 的命令访问就是对 C6655 的某个地址(该地址的组成控制 NAND Flash 形成命令输入模式)的 8 位写;NAND Flash 的地址访问就是对 C6655 某个地址(该地址的组成控制 NAND Flash 形成地址输入模式)的 8 位写;NAND Flash 的数据写就是对 C6655 某个地址(该地址的组成控制 NAND Flash 形成数据输入模式)的 8 位写;NAND Flash 的数据读就是对 C6655 某个地址(该地址的组成控制 NAND Flash 形成数据输出模式)的 8 位读。具体如表 7-1 所示。

表 7-1 NAND Flash 读/写逻辑

Mode[1]	CE#	CLE	ALE	WE#	RE#	I/Ox	WP#
Standby[2]	H	X	X	X	X	X	0V/V_{CC}
Command input	L	H	L	⤴	H	X	H
Address input	L	L	H	⤴	H	X	H
Data input	L	L	L	⤴	H	X	H
Data output	L	L	L	H	⤵	X	X
Write protect	X	X	X	X	X	X	L

7.3.4 NAND Flash 复位

(1) 针对命令模式,在 I/O 上送出 FFH,即可复位 NAND Flash。

(2) 等待复位完成。具体时序如图 7-2 所示。

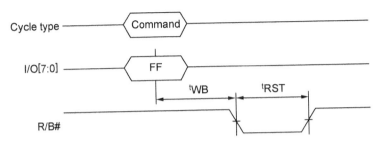

图 7-2 NAND Flash 复位时序图

7.3.5 NAND Flash 读状态寄存器

（1）针对命令模式，在 I/O 上送出 70h。

（2）针对数据输出模式，读取状态寄存器内容。具体时序如图 7-3 所示。

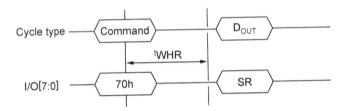

图 7-3 NAND Flash 读状态寄存器时序图

7.3.6 NAND Flash 块擦除

（1）针对命令模式，在 I/O 上送出 60h。

（2）针对地址模式，在 I/O 上送出 R1、R2。

（3）针对命令模式，在 I/O 上送出 D0H。

（4）等待擦除完成。具体如图 7-4 所示。

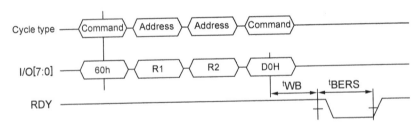

图 7-4 NAND Flash 块擦除时序图

7.3.7 NAND Flash 页烧录

（1）针对命令模式，在 I/O 上送出 80h。

（2）针对地址模式，在 I/O 上送出 C1、C2、R1、R2。

（3）针对数据模式，在 I/O 上送出需要写入的数据。

（4）针对命令模式，在 I/O 上送出 10H。

（5）等待烧录完成。具体如图 7-5 所示。

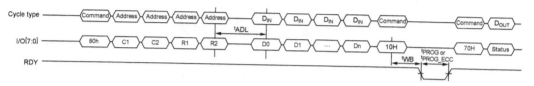

图 7-5　NAND Flash 页烧录时序图

7.3.8　NAND Flash 页读

（1）针对命令模式，在 I/O 上送出 00H。

（2）针对地址模式，在 I/O 上送出 C1、C2、R1、R2。

（3）针对命令模式，在 I/O 上送出 30H。

（4）等待烧录完成。具体如图 7-6 所示。

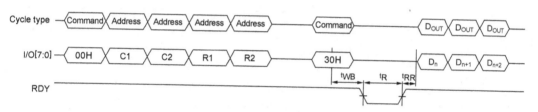

图 7-6　NAND Flash 页读时序图

7.3.9　NAND Flash 随机读

（1）针对命令模式，在 I/O 上送出 05H。

（2）针对地址模式，在 I/O 上送出 C1、C2（指定页读取缓冲区里的开始读取位置）。

（3）针对命令模式，在 I/O 上送出 E0H。

（4）针对数据输出模式，在 I/O 上读取数据（不能超过本页的数据量）。具体如图 7-7 所示。

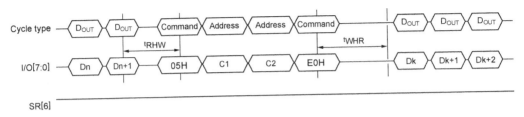

图 7-7 NAND Flash 随机读时序图

7.4 C6655 的 EMIF 16

7.4.1 EMIF 16 管脚

C6655 的 EMIF 16 管脚说明如表 7-2 所示。

表 7-2 EMIF 16 管脚说明

Pin	Description
EMIFD[15:0]	Data I/O. Input for data reads and output for data writes.
EMIFD[23:0]	External address output.
EMIFCE0	External CE0 chip select. Active-low chip select for CE space 0.
EMIFCE1	External CE1 chip select. Active-low chip select for CE space 1.
EMIFCE2	External CE2 chip select. Active-low chip select for CE space 2.
EMIFCE3	External CE3 chip select. Active-low chip select for CE space 3.
EMIFBE[1:0]	Byte enables.
EMIFWAIT[1:0]	Used to insert wait states into the memory cycle.
EMIFWE	Write enable-active low during a write transfer strobe period.
EMIFOE	Output enable-active low during the entire period of a read access.
EMIFRnW	Read-write enable.

7.4.2 EMIF 16 的读/写时序

异步读/写时序，Read setup、Read strobe、Read hold、Write setup、Write strobe、Write hold 的时长都可以通过 EMIF 16 的寄存器设置。设置的最小间隔是 EMIF 16 的时钟，输

入时钟来自 SYSCLK7。其读/写时序分别如图 7-8、图 7-9 所示。

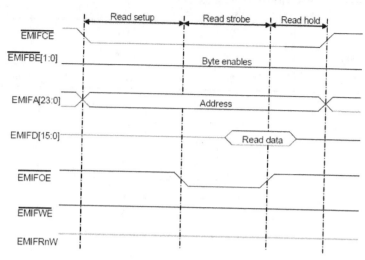

图 7-8　EMIF 16 异步读时序图

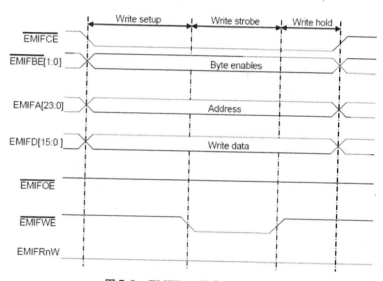

图 7-9　EMIF 16 异步写时序图

7.4.3　EMIF 16 和 NAND Flash 的连接及地址分配

EMIF 16 通过地址线 A11、A12 控制 NAND Flash 的读/写方式,读/写地址如表 7-3 所示。当 EMIF 对地址 0x70000000 进行操作时,EMIF 16 访问的是 NAND Flash 的数据;当 EMIF 对地址 0x70002000 进行操作时,EMIF 16 访问的是 NAND Flash 的地址;当 EMIF 对地址 0x70004000 进行操作时,EMIF 16 访问的是 NAND Flash 的命令。其原理如图 7-10 所示。

表 7-3 EMIF 16 读/写 Flash 地址

Address	ALE	CLE	Phase
0x70000000	LOW	LOW	Data Phase
0x70002000	HIGH	LOW	Address Phase
0x70004000	LOW	HIGH	Command Phase

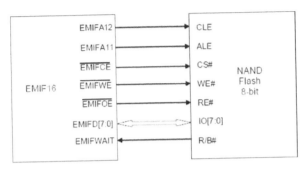

图 7-10 EMIF 16 读/写 Flash 原理图

7.5 C6655 的 EMIF 16 读/写 NAND Flash 实现

7.5.1 EMIF 16 初始化

```
uint32_t EMIF 16_init()                    //8 位的 EMIF 16 异步读取工作模式
{
    uint32_t temp_data = 0;
    HW_WR_REG32(PIN_CONTROL_0,0x0);
    temp_data = HW_RD_REG32(RCSR);
    HW_WR_REG32(A1CR,0x3FFFFFFCU); //设定读/写时序间隔
    HW_WR_REG32(NANDFCR,0x1U);
    return temp_data;
}
```

7.5.2 EMIF 16 复位 NAND Flash

```
uint8_t EMIF 16_NAND_reset()
{
```

```
    HW_WR_REG8(NANDCommandPhase,NAND_reset_command);
    return 1;
}
```

7.5.3　EMIF 16 读 NAND Flash 状态寄存器

```
uint8_t EMIF 16_NAND_read_STATUS()
{
    uint8_t temp_data = 0;
    HW_WR_REG8(NANDCommandPhase,NAND_READ_STATUS_command);
    temp_data = HW_RD_REG8(NANDdataPhase);
    return temp_data;
}
```

7.5.4　EMIF 16 块擦除 NAND Flash

```
uint32_t EMIF 16_NAND_ERASE_BLOCK(uint8_t Row_1address,uint8_t Row_2address)
{
    HW_WR_REG8(NANDCommandPhase,NAND_ERASE_BLOCK_command);
    HW_WR_REG8(NANDAddressPhase,Row_1address);
    HW_WR_REG8(NANDAddressPhase,Row_2address);
    HW_WR_REG8(NANDCommandPhase,NAND_ERASE_BLOCK_command_END);
    return 0;
}
```

7.5.5　EMIF 16 页烧录 NAND Flash

```
uint8_t EMIF 16_NAND_PROGRAM_PAGE(uint8_t Column_1address,uint8_t Column_2address,uint8_t Row_1address,uint8_t Row_2address)
{
    HW_WR_REG8(NANDCommandPhase,NAND_PROGRAM_PAGE_command);
    HW_WR_REG8(NANDAddressPhase,Column_1address);
    HW_WR_REG8(NANDAddressPhase,Column_2address);
    HW_WR_REG8(NANDAddressPhase,Row_1address);
    HW_WR_REG8(NANDAddressPhase,Row_2address);
```

```
        return 1;
    }
//中间插入要烧录的数据
uint8_tEMIF 16_NAND_PROGRAM_PAGE_END()
    {
        HW_WR_REG8(NANDCommandPhase,NAND_PROGRAM_PAGE_command_END);
        return 0;
    }
```

7.5.6　EMIF 16 页读取 NAND Flash

```
uint8_tEMIF 16_NAND_READ_PAGE(uint8_t Column_1address,uint8_t Column_2address,uint8_t Row_1address,uint8_t Row_2address)
    {
        HW_WR_REG8(NANDCommandPhase,NAND_READ_PAGE_command);
        HW_WR_REG8(NANDAddressPhase,Column_1address);
        HW_WR_REG8(NANDAddressPhase,Column_2address);
        HW_WR_REG8(NANDAddressPhase,Row_1address);
        HW_WR_REG8(NANDAddressPhase,Row_2address);
        HW_WR_REG8(NANDCommandPhase,NAND_READ_PAGE_command_END);
        return 1;
    }
```

7.5.7　EMIF 16 随机读取 NAND Flash

```
uint32_t EMIF 16_NAND_read_cache_RANDOM_DATA(uint8_t Column_1address,uint8_t Column_2address)
    {
        uint32_t temp_32data = 0;
        HW_WR_REG8(NANDCommandPhase,NAND_RANDOM_DATA_READ_command);
        HW_WR_REG8(NANDAddressPhase,Column_1address);
        HW_WR_REG8(NANDAddressPhase,Column_2address);
        HW_WR_REG8(NANDCommandPhase,NAND_RANDOM_DATA_READ_command_END);
        return temp_32data;
    }
```

7.5.8 EMIF 16 读取 NAND Flash 字节数据

HW_RD_REG8(NANDdataPhase);

7.5.9 EMIF 16 写 NAND Flash 字节数据

HW_WR_REG8(NANDdataPhase,temp_8data1[i]);

7.6 EMIF 16 程序运行

和 UART 程序一样,先把 EMIF_Flash 程序导入工程,然后编译、下载、运行。下列程序是判断 EMIF 16 读/写 NAND Flash 是否正确的程序,用户自行浏览学习,亦可观察 TP16—TP31 波形来加深对 EMIF 16 接口的理解。

```
EMIF 16_init();
EMIF 16_NANE_reset();
while(NAND_is_Ready()==1)
{
}
if(NAND_command_is_ok()==0x0)
{
    printf("NAND reset is OK!");
}


if( EMIF 16_NAND_read_ID()==NANDID)
{
    printf("EMIF 16 and NAND FLASH is OK!");
}
```

8 DDR3 接口实验

8.1 实验准备

(1) 确保 CD6655-DSK 工作正常。

(2) 确保在 E:\DSP_Projects 文件夹中已包含完整的"DDR3"工程文件夹,其中有 "main.c" "TMS320C6655.cmd" 等文件。

(3) 确保在 E:\DSP_Projects\include 文件夹中已包含"C6655RegAdder.h"头文件 (定义了程序中使用到的 C6655 的寄存器地址)。

注:本实验以 C6655 正确读写 DDR3 为例。

8.2 C6655-DDR3 配置

C6655 的 DDR3 配置比较复杂,参考 KeyStone I DDR3 Initialization 配置文档,基本流程如下文。其中从(3)到(5)配置过程比较复杂,感兴趣的用户可进一步浏览参考文献,如 KeyStone Ⅱ DDR3 Initialization(Literature Number:SPRABX7),此处不再一一解释。

(1) KICK unlock 开寄存器锁。

(2) 配置 DDR3 PLL。

(3) Leveling Register 配置。

(4) Basic controller and DRAM configuration 配置。

(5) Leveling execution。

8.2.1 KICK unlock 开寄存器锁

把 DDR3 配置寄存器的锁打开,然后才可以配置 DDR3 寄存器,具体代码为

```
HW_WR_REG32(KICK0,KICK0_UNLOCK);
HW_WR_REG32(KICK1,KICK1_UNLOCK);
for(i = 0;i < 1000000;i ++){}
```

8.2.2 配置 DDR3 PLL

如图 8-1 所示,DDR3_CLK = DDRCLK(N/P) * (PLLM + 1)/(PLLD + 1)。

式中:DDRCLK(N/P)——外部输入 DDR3 时钟,62.5 MHz;

PLLM——倍频参数,通过寄存器设置;

PLLD——分频参数,通过寄存器设置。

实际计算举例:PLLM = 9,PLLD = 0,得到 62.5 MHz * 10/1 = 625 MHz。若 DDR3 芯片是 1250 MHz,那么 625 MHz 正好满足 DDR3 芯片的时钟需求。

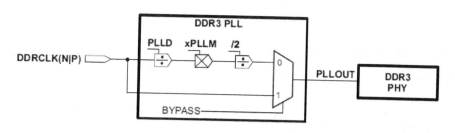

图 8-1 DDR3 时钟配置图

把 DDR3 的 PLL 配置成 PLLM = 9,PLLD = 0,得到 625 MHz DDR3 时钟。具体代码为

```
//Set ENSAT bit = 1
temp_32data = HW_RD_REG32(DDR3_PLLCTL1);
temp_32data = temp_32data |0x00000040;
HW_WR_REG32(DDR3_PLLCTL1,temp_32data);
//Set BYPASS bit = 1
temp_32data = HW_RD_REG32(DDR3_PLLCTL0);
temp_32data = temp_32data |0x00800000;
HW_WR_REG32(DDR3_PLLCTL0,temp_32data);
// Clear and program PLLD field
temp_32data = HW_RD_REG32(DDR3_PLLCTL0);
```

```c
temp_32data = temp_32data & ( ~(0x0000003F));
HW_WR_REG32(DDR3_PLLCTL0,temp_32data);


temp_32data = HW_RD_REG32(DDR3_PLLCTL0);
temp_32data = temp_32data | (PLL2_PLLD & (0x0000003F));
HW_WR_REG32(DDR3_PLLCTL0,temp_32data);


// Clear and program PLLM field
temp_32data = HW_RD_REG32(DDR3_PLLCTL0);
temp_32data = temp_32data & ( ~(0x0007FFC0));
HW_WR_REG32(DDR3_PLLCTL0,temp_32data);


temp_32data = HW_RD_REG32(DDR3_PLLCTL0);
temp_32data = temp_32data | ((PLL2_PLLM << 6) & (0x0007FFC0));
HW_WR_REG32(DDR3_PLLCTL0,temp_32data);


// Clear and program BWADJ field
pll2_BWADJ = ((PLL2_PLLM + 1) >> 1) - 1;


temp_32data = HW_RD_REG32(DDR3_PLLCTL0);
temp_32data = temp_32data & ( ~(0xFF000000));
HW_WR_REG32(DDR3_PLLCTL0,temp_32data);


temp_32data = HW_RD_REG32(DDR3_PLLCTL1);
temp_32data = temp_32data & ( ~(0x0000000F));
HW_WR_REG32(DDR3_PLLCTL1,temp_32data);


temp_32data = HW_RD_REG32(DDR3_PLLCTL0);
temp_32data = temp_32data | ((pll2_BWADJ << 24) & (0xFF000000));
HW_WR_REG32(DDR3_PLLCTL0,temp_32data);


temp_32data = HW_RD_REG32(DDR3_PLLCTL1);
temp_32data = temp_32data | ((pll2_BWADJ >> 8) & (0x0000000F));
```

```c
HW_WR_REG32(DDR3_PLLCTL1,temp_32data);

// Set RESET bit = 1
temp_32data = HW_RD_REG32(DDR3_PLLCTL1);
temp_32data = temp_32data | 0x00002000;
HW_WR_REG32(DDR3_PLLCTL1,temp_32data);

// Wait at least 5us for reset complete
for(i = 0;i < 1000000;i ++ ){}

// Clear RESET bit
temp_32data = HW_RD_REG32(DDR3_PLLCTL1);
temp_32data = temp_32data & ( ~ (0x00002000));
HW_WR_REG32(DDR3_PLLCTL1,temp_32data);

// Wait at least 50us for PLL lock
for(i = 0;i < 7000000;i ++ ){}

// Clear BYPASS bit = 0
temp_32data = HW_RD_REG32(DDR3_PLLCTL0);
temp_32data = temp_32data & ( ~ (0x00800000));
HW_WR_REG32(DDR3_PLLCTL0,temp_32data);
```

8.3　C6655-DDR3 读/写运行测试

和 UART 程序一样,先把 DDR3 程序导入工程,然后编译、下载、运行即可。
下列程序是测试 DDR3 读写是否正确的代码,用户可自行阅读。

```c
uint32_t DDR3Address = 0x80000000;
uint32_t buf1[1024] = 0;
uint32_t buf2[1024] = 0;
int32_t i = 0;
```

```
ddr3_init();
for(i = 0;i < 1024;i ++ )
    buf1[ i] = i;
for(i = 0;i < 1024;i ++ )
{
    HW_WR_REG32(DDR3Address + i* 4,buf1[ i] );
}
for(i = 0;i < 1024;i ++ )
{
    buf2[ i] = HW_RD_REG32(DDR3Address + i* 4);
}
for(i = 0;i < 1024;i ++ )
{
    if(buf1[ i]  ! = buf2[ i])
    {
        printf("DDR3 is wrong!");
    }
}
```

9 以太网实验

9.1 实验准备

（1）确保 CD6655-DSK 工作正常。

（2）确保在 E:\DSP_Projects 文件夹中已包含完整的"EMAC_GbE"工程文件夹，其中有"main.c""TMS320C6655.cmd"等文件。

（3）确保在 E:\DSP_Projects\include 文件夹中已包含"C6655RegAdder.h"头文件（定义了程序中使用到的 C6655 的寄存器地址）。

注：本实验以 C6655 通过千兆以太网接口和 PC 进行 UDP 通信为例。

9.2 UDP 数据包格式

以太网的收发都是以下面的 UDP 数据包格式进行处理的。UDP 数据包格式如表 9-1 所示。

表 9-1 UDP 数据包结构

IP数据包包头	前导码0x55	0x55	0x55	0x55
	0x55	0x55	0x55	0xd5
	目的MAC地址	目的MAC地址	目的MAC地址	目的MAC地址
	目的MAC地址	目的MAC地址	源MAC地址	源MAC地址
	源MAC地址	源MAC地址	源MAC地址	源MAC地址
	IP数据包网络类型0x0800			

IP数据包首部		[31:28] [27:24]	[23:20] [19:16]	[15:12] [11:8]	[7:4] [3:0]
	固定部分	版本 首部长度	区分服务	数据包总长度	
		标识		标志	片偏移12位
		生存时间	协议	首部校验和	
		源IP地址			
		目的IP地址			
	可变部分(UDP)	源端口号		目的端口号	
		用户数据包长度		检查和	
		数据部分			
		CRC校验			

1. IP 数据包包头(22 个字节)

(1) 前导码:7 个字节的 0x55,C6655 在发送 UDP 数据包时自动补上,不需要用户考虑。

(2) 0xd5:1 个字节,C6655 在发送 UDP 数据包时自动补上,不需要用户考虑。

(3) 目的 MAC 地址:6 个字节,为 UDP 数据包接收方的 MAC 地址。若是发送广播报,则目的 MAC 地址为 0xFF、0xFF、0xFF、0xFF、0xFF、0xFF。

(4) 源 MAC 地址:6 个字节,为 UDP 数据包发送方的 MAC 地址,由用户决定。

(5) IP 数据包网络类型:2 个字节,固定为 0x08、0x00。

2. IP 数据包首部

(1) 固定部分(20 个字节):

① 版本:0.5 个字节,固定为 0x4。

② 首部长度:0.5 个字节,固定为 0x5,表示 IP 数据包首部(固定部分)长度为 5 个 32 位数据。

③ 区分服务:1 个字节,固定为 0x00。

④ 数据包总长度:2 个字节,表示 IP 数据包首部[固定部分+可变部分(UDP)]、数据部分的长度总和,单位是字节。数据包总长度=用户数据包长度+20 个字节。

⑤ 标识:2 个字节,0x00、0x01。

⑥ 标志:0.5 个字节,0x4。

⑦ 片偏移 12 位:0x000。

⑧ 生存时间:1 个字节,0x80,过一个网关,该数据自减 1。若该数据自减到 0,则网关不再转发该数据包。

⑨ 协议:1 个字节,固定为 0x11。

⑩ 首部校验和:2 个字节,这个字段只检验数据包首部的固定部分(计算方法下面有介绍),需保证该字段的正确性。

⑪ 源 IP 地址:4 个字节,发送方 IP 地址。

⑫ 目的 IP 地址:4 个字节,接收方 IP 地址。对于抓包设备或者对 IP 地址不敏感的底层硬件,即使该目的 IP 地址不对,硬件设备亦能接收到 UDP 包(广播 UDP 包)。

(2) 可变部分(UDP):

① 源端口号:2 个字节,一般是 8080。

② 目的端口号:2 个字节,一般是 8080。

③ 用户数据包长度:2 个字节。用户数据包长度 = 数据部分长度 + 可变部分(UDP)长度(8 个字节),单位是字节。由此可见,一个 UDP 包最长为 $2^{(8*2)}-1 = 65535$ 个字节。

注意:一个 UDP 包的用户数据包长度不要少于 30 个字节,否则 UDP 包会出错。

④ 检查和:2 个字节,不是很重要,可以直接设为 0x00、0x00。

3. 首部校验和的计算方法

首先将校验和字段置 0,接着将待校验部分按 2 个字节一组进行划分,再进行求和(注意:最高位进位值加到最低位)并取反,得到的结果即为校验和,并将其存到校验和字段中。

实际计算举例:

某 IP 数据包首部固定部分为:0x45、0x00、0x00、0x54、0x00、0x01、0x40、0x00、0x80、0x11、0x00、0x00、0xc0、0xa8、0x00、0x02、0xc0、0xa8、0x00、0x03。

0x4500 + 0x0054 + 0x0001 + 0x4000 + 0x8011 + 0x0000 + 0xc0a8 + 0x0002 + 0xc0a8 + 0x0003 = 0x86bd。

按二进制取反得首部校验和 = 0x7942。

9.3 以太网初始化

C6655 的以太网的初始化过程如下：
(1) Power Sleep Controller 激活。
(2) Serdes 初始化。
(3) SGMII 初始化。
(4) EMAC 初始化。

9.3.1 Power Sleep Controller 激活

C6655 的很多寄存器平时是处于睡眠状态的，需要用户激活，这些寄存器才能工作，相关的片内外设才能工作。C6655 的以太网部分需要通过寄存器对 SRIO 和 EMAC 部分进行时钟和电源激活。

1. SRIO 激活

SRIO 激活的具体代码如下：

```
HW_WR_REG32(PDCTL4,0x1);//SRIO,Power Domain,开始激活
HW_WR_REG32(MDCTL11,0x103);//SRIO,Module State Transitions,开始激活
HW_WR_REG32(PTCMD,0x00000010);//开始激活
temp_32data = HW_RD_REG32(PTSTAT);//等待激活成功
while(temp_32data!=0x0)
{
    for(i=0;i<100;i++){}
    temp_32data = HW_RD_REG32(PTSTAT);
}
```

2. EMAC 激活

EMAC 激活的具体代码如下：

```
HW_WR_REG32(PDCTL1,0x1);//Power Domain Control Register 1 (Per-core TETB and System TETB),激活
HW_WR_REG32(MDCTL3,0x103);//EMAC,Module State Transitions,激活
HW_WR_REG32(PTCMD,0x00000001);//激活
temp_32data = HW_RD_REG32(PTSTAT); //等待激活成功
```

```
while(temp_32data! = 0x0)
{
    for(i = 0;i < 100;i ++){}
    temp_32data = HW_RD_REG32(PTSTAT);
}
```

9.3.2 Serdes 初始化

此步骤是为以太网模块提供时钟。以太网的速率可以为

- 2.5 MHz at 10 Mbps
- 25 MHz at 100 Mbps
- 125 MHz at 1000 Mbps

SGMII 的时钟来源有 2 个：一个是 SYSCLK7，来自 PLL，为 DSPCLK/6；另一个是来自 Serdes 的时钟输出。Serdes 的外部输入时钟，经过 SerdesPLL 倍频后送出，给 SGMII 提供工作时钟。本实验中 Serdes 的外部输入时钟频率是 250 MHz。

以太网千兆模式下的工作速率为 1.25 GHz。其公式为：

$$linerate = (refclkp * MPY)/RATE$$

式中：refclkp——外部输入时钟，本系统为 250 MHz。

MPY——由 Serdes 的寄存器 SGMII_SERDES_CFGPLL 设定，程序中设定为 10。

若 linerate = 1250 MHz，则 RATE 设为 2。

9.3.3 SGMII 初始化

（1）复位 SGMII，具体代码如下：

```
HW_WR_REG32(SGMII_SOFT_RESET,0x00000001);//RESET SGMII
for(i = 0;i < 1000000;i ++){}//delay
```

（2）清空 SGMII 控制参数，具体代码如下：

```
HW_WR_REG32(SGMII_CONTROL,0x00000000);
```

（3）复位 SGMII 发送和接收部分，具体代码如下：

```
HW_WR_REG32(SGMII_SOFT_RESET,0x00000002);//RESET SGMII
```

（4）设置 SGMII 和物理层的协商参数，具体代码如下：

```
HW_WR_REG32(SGMII_MR_ADV_ABILITY,0x00000001);
```

（5）启动 SGMII 和物理层的自协商，具体代码如下：

```
HW_WR_REG32(SGMII_CONTROL,0x00000001);
```

（6）把 SGMII 从复位中恢复，同时和物理层的自协商生效，具体代码如下：

```
HW_WR_REG32(SGMII_SOFT_RESET,0x00000000);
```

(7) 确认 SGMII 初始化完成,具体代码如下:

```
temp_32data = HW_RD_REG32(SGMII_STATUS);//Link indicator. This value is not valid until the LOCK status bit is asserted
temp_32data = temp_32data & 0x5;
while(temp_32data! = 0x05)
    {
        for(j = 0;j < 100000;j ++ ){}
        temp_32data = HW_RD_REG32(SGMII_STATUS);
        temp_32data = temp_32data & 0x05;
    }
```

9.3.4 EMAC 初始化

EMAC 初始化步骤如下:

(1) 复位 EMAC。
(2) 清除相关配置寄存器(MACCONTROL、TXnHDP、RXnHDP、TXnCP、RXnCP)。
(3) 设置源 EMAC 地址。
(4) 设置 EMAC 发送、接收参数(配置 MACCONTROL、RXMBPENABLE 寄存器)。
(5) 设置 EMAC 中断参数。
(6) 使能 EMAC 发送和接收。

9.4 以太网发送

9.4.1 C6655 以太网发送和接收数据结构

C6655 以太网发送数据时,需要按下列模式组织数据,组织要求如表 9-2 所示。在 DSP 程序中按此模式组成结构体:

```
typedef struct _EMAC_Desc {
    struct _EMAC_Desc * pNext; /* Pointer to next descriptor in chain */
    uint8_t * pBuffer; /* Pointer to data buffer */
    uint32_t BufOffLen; /* Buffer Offset(MSW) and Length(LSW) */
```

```
    uint32_t PktFlgLen; /* Packet Flags(MSW) and Length(LSW) */
} EMAC_Desc;
```

表 9-2　C6655 以太网数据组织要求

Word Offset	Bit Fields		
	31　　　　　　　　　　　　　16	15　　　　　　　　　　　　　0	
0	Next Descriptor Pointer		
1	Buffer Pointer		
2	Buffer Offset	Buffer Length	
3	Flags	Packet Length	

结构体 EMAC_Desc 有固定存放位置，C6655 指定起始地址 0x02C0A000U、长度为 8 KB 的内部 RAM(Descriptor Memory)存放结构体的起始地址。

*pNext：指向下一个发送结构体的地址，只有一个发送结构体时，该值为 0。

*pBuffer：指向要发送数据包的地址，可以是 C6655 内存的任意地址，由用户决定。

BufOffLen：要发送数据包的长度。

PktFlgLen：当前结构体的标志。

详细内容可见参考文献[10]第 31 页。

C6655 的接收数据结构体和发送结构体一样。

下面以一个典型的描述符链接列表为例，对描述符做进一步介绍。

如图 9-1 所示：

1 号描述符对应的是完整的包 A，所以其 SOP、EOP 均被置位，Buffer Length、Packet Length 均为包 A 的大小 60。

2 号描述符对应的是包 B 的片段 1，为包 B 的开头，SOP 被置位，Buffer Length 为片段 1 的大小 512，Packet Length 为包 B 的大小 512 + 502 + 500 = 1514。

3 号描述符对应包 B 的片段 2，为包 B 的中间片段，因此 SOP、EOP 均未被置位。

4 号描述符对应包 B 的片段 3，为包 B 的结尾，因此 EOP 被置位。

5 号描述符对应的是完整的包 C，与 1 号描述符不同的是，5 号描述符为列表的最后一个描述符，因此 pNext 置为 NULL。

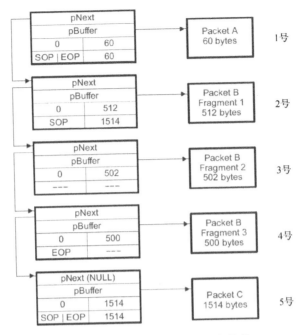

图 9-1 C6655 以太网数据组织结构

9.4.2 C6655 以太网发送数据包

以太网发送数据包,只要把 C6655 指定地址 0x02C0A000U(该地址必须预先存放发送结构体)送入寄存器 TX0HDP,C6655 将按照 0x02C0A000U 里的结构体的描述,把 *pBuffer 指定位置的数据包发送出去。具体代码如下:

HW_WR_REG32(MAC_TX0HDP,newDesc);

9.5 以太网中断接收

9.5.1 C6655 中断管理

C6655 的中断结构如图 9-2 所示。C6655 有 12 个可屏蔽中断(INT[15:4]),外部有 4+124 个中断(EVT[127:4]),通过中断选择器接入这 12 个可屏蔽中断。

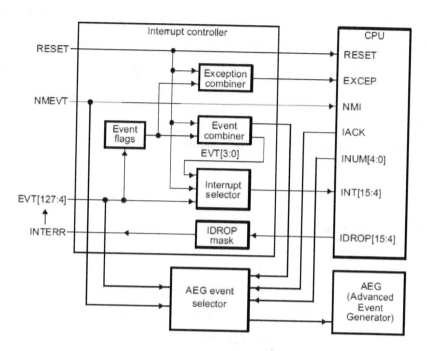

图 9-2　C6655 中断结构

文档 TMS320C6657.pdf(P104)描述了 C6655 外部 128 个中断的编号。由于 C6655 的外部中断太多,而 C6655 的可屏蔽中断号较少,因此 C6655 对很多外部中断采用 Chip Interrupt Controller(CIC)进行管理。本文涉及的以太网中断按 C6655 的芯片设定可跳过 CIC 管理,直接接入 C6655 的 12 个可屏蔽中断中的 1 个。以太网收发中断的编号为 99。

9.5.2　以太网中断实现的文件准备

通过中断向量文件(本文是 GE_vectors.asm)设定中断服务响应。把以太网接收中断服务程序(GE_Message_ISR)设定为中断 4。具体代码如下:

```
vectors:
    VEC_RESET _c_int00;                  //RESET
    VEC_ENTRY NMI_ISR;                   //NMI/Exception
    VEC_DUMMY;                           //RSVD
    VEC_DUMMY;                           //RSVD
    VEC_ENTRY GE_Message_ISR;            //interrupt 4
    VEC_ENTRY GE_MISC_MDIO_ISR;          //interrupt 5
    VEC_DUMMY;                           //interrupt 6
    ……
```

中断向量文件中使用到 Exception_service_routine 和 Exception_record 参数,这 2 个参数在 KeyStone_common.c 和 KeyStone_common.h 文件中,要在工作中添加这 2 个文件。

若 CMD 文件中没有中断向量表,则需要在 CMD 文件中添加中断向量。具体代码如下:

```
MEMORY
VECTORS: org = 0x00800000, len = 0x00000200
SECTIONS
vecs > VECTORS
```

9.5.3 以太网中断实现

(1) 主机中断不使能,具体代码如下:

```
HW_WR_REG32(CIC0_GLOBAL_ENABLE_HINT_REG,0x00000000);
```

(2) 配置 CPINTC Module 模式,具体代码如下:

```
temp_32data = HW_RD_REG32(CIC0_CONTROL_REG);
HW_WR_REG32(CIC0_CONTROL_REG,(temp_32data&
        ~CSL_CPINTC_CONTROL_REG_NEST_MODE_MASK)|
        (CPINTC_NO_NESTING << CSL_CPINTC_CONTROL_REG_NEST_MODE_SHIFT));
```

(3) 使能主机中断,具体代码如下:

```
HW_WR_REG32(CIC0_GLOBAL_ENABLE_HINT_REG,0x00000001);
```

(4) MAC 接收中断使能,具体代码如下:

```
HW_WR_REG32(MAC_C0_RX_EN,0xFF);
```

(5) 把 99 号的 MAC 中断映射到 C6655 的 4 号可屏蔽中断上,具体代码如下:

```
HW_WR_REG32(CorePac_INTMUX1,0x63);
```

(6) 清除 C6655 事件信息,具体代码如下:

```
HW_WR_REG32(CorePac_EVTCLR0,0xFFFFFFFF);
HW_WR_REG32(CorePac_EVTCLR1,0xFFFFFFFF);
HW_WR_REG32(CorePac_EVTCLR2,0xFFFFFFFF);
HW_WR_REG32(CorePac_EVTCLR3,0xFFFFFFFF);
```

(7) 清除 C6655 的中断标志位、使能中断 4 和 5,具体代码如下:

```
ICR = IFR;
IER = 3|(1<<4)|(1<<5);
```

(8) 定义中断向量表位置,具体代码如下:

```
ISTP = 0x800000;
```

(9)使能 GIE,具体代码如下:
TSR = TSR | 1;

9.5.4 以太网接收

以太网接收采用中断设定后,C6655 接收到以太网数据,就会触发中断 4,进入中断服务程序 GE_Message_ISR。接收到的数据被复制到用户指定的数据,具体代码如下:
memcpy(buff, pDesc-> pBuffer, recv_bytes);

9.6 以太网程序运行

和 UART 程序一样,把 EMAC_GbE 程序导入工程后编译、下载。但为了能和 PC 进行数据收发验证,需要配置 PC 工作环境。

9.6.1 配置 PC

若采用 PC 为发送方,则需要按图 9-3 所示设置 PC 的 IP。

图 9-3 IP 设置图

将发送方的 IP 按图 9-4 所示绑定。保证 192.168.0.2 和 ff-ff-ff-ff-ff-ff 绑定,使得 PC 发送给 IP 地址 192.168.0.2 的是广播报,能被 C6655 收到。

图 9-4　IP 绑定图

9.6.2　以太网通信运行

本实验实现的功能是：PC 向 C6655 发送数据，C6655 接收到数据后，将数据转发给 PC。

具体实现过程如下：

（1）用户使用千兆网线连接开发板的 RJ45 接口 LAN1 和 PC 网口。

（2）用户在 PC 上通过网络调试助手（网络调试助手可自行上网下载）等工具发送数据。

（3）网络调试助手接收到自己发出去的数据。

实验参数设置：C6655 对应的 IP 地址设为 192.168.0.2，PC 的 IP 地址设为 192.168.0.3，端口都设为 8080。PC 通过网络调试助手向 192.168.0.2（C6655）发送字符串"Texas Instruments TMS320C6655"（共 29 个字节），接着 PC 接收到从 192.168.0.2 发送过来的 29 个字节的相同数据，表明以太网收发通信成功完成。以太网数据收发具体如图 9-5 所示。

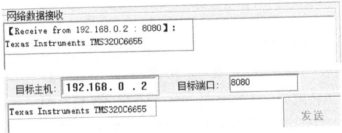

图 9-5　以太网数据收发

10 McBSP 实验

10.1 实验准备

（1）确保 CD6655-DSK 工作正常。

（2）确保在 E:\DSP_Projects 文件夹中已包含完整的"McBSP-3104"工程文件夹，其中有"main.c""TMS320C6655.cmd"等文件。

（3）确保在 E:\DSP_Projects\include 文件夹中已包含"C6655RegAdder.h"头文件（定义了程序中使用到的 C6655 的寄存器地址）。

注：本实验以 C6655 通过 McBSP 接口控制 TLV320AIC3104IRHB 输入/输出为例。

10.2 McBSP 时钟计算

McBSP 的输入时钟为 SYSCLK7。SYSCLK7 的固定分频为 6，根据

$$PLLOUT = 62.5 * (471 + 1)/(28 + 1)/2 = 508620689.6552 \text{ Hz}$$

可得 PLLOUT/6 = 84770114.9425 Hz。

10.3 McBSP 传输基本格式

10.3.1 McBSP 发送数据基本时序

McBSP 发送时序如图 10-1 所示。

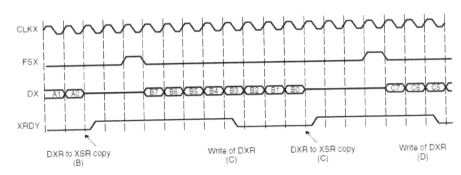

图 10-1 McBSP 发送时序图

10.3.2 McBSP 接收数据基本时序

McBSP 接收时序如图 10-2 所示。

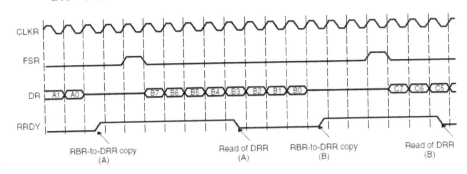

图 10-2 McBSP 接收时序图

10.3.3 McBSP 收发寄存器说明

McBSP 收发结构如图 10-3 所示。

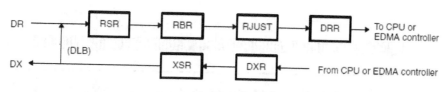

图 10-3 McBSP 收发结构图

10.4 McBSP 配置流程

（1）复位 McBSP 外设，需要设置 GRST = XRST = RRST = FRST = 0。即复位时钟生成模块（GRST）、McBSP 发送模块（XRST）、接收模块（RRST）、帧信号生成模块（FRST）。代码举例如下：

HW_WR_REG32(SPCR1,0x00000000U);

> **注意**：只有在设置复位的情况下，才能对相应的模块进行寄存器设置，寄存器设置完成后，再跳出复位状态。

（2）设置 McBSP 的帧信号和时钟参数，在时钟的上升沿产生帧信号（CLKSP），时钟来源于 C6655 内部（CLKSM）。帧信号周期为（FPER），帧信号宽度（FWID）。C6655 分配给 McBSP 的时钟频率经过分频后送给 McBSP（CLKGDV）。代码举例如下：

HW_WR_REG32(SRGR1,0x301F0036U);

（3）设置接收和发送帧信号，接收和发送时钟的来源、极性。代码举例如下：

HW_WR_REG32(PCR1,0x00000F00U);

（4）设置 McBSP 的数据发送和接收的 PHASE，一次 PHASE 的传输 WORD 数量，一个 WORD 数量包含的二进制数字数量。代码举例如下：

HW_WR_REG32(RCR1,0x000000A0U);

HW_WR_REG32(XCR1,0x000000A0U);

（5）McBSP 一次可以传输 2 个 PHASE，一般可以设置成 1 个 PHASE。具体如图 10-4 所示。

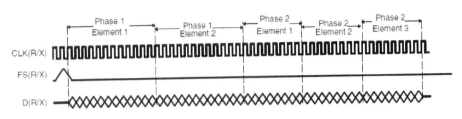

图 10-4　McBSP 传输结构图

（6）把时钟从复位状态中解除。代码举例如下：

temp_32data = HW_RD_REG32(SPCR1);

temp_32data = temp_32data | 0x00400000;//GRST = 1 = Sample-rate generator is taken out of reset

HW_WR_REG32(SPCR1,temp_32data);

for(i = 0;i < 1000000;i ++){}//delay

（7）为了同步发送时钟，把发送时钟从复位状态中解除，然后再复位。代码举例如下：

temp_32data = HW_RD_REG32(SPCR1);

temp_32data = temp_32data | 0x00010000;//XRST = 1 = Serial port transmitter is enabled

HW_WR_REG32(SPCR1,temp_32data);

for(i = 0;i < 1000000;i ++){}//delay

temp_32data = HW_RD_REG32(SPCR1);

temp_32data = temp_32data & 0xFFFEFFFF;//XRST = 0 = Serial port transmitter is disabled and in reset state

HW_WR_REG32(SPCR1,temp_32data);

for(i = 0;i < 1000;i ++){}//delay

（8）把发送时钟、接收时钟从复位状态中解除。代码举例如下：

temp_32data = HW_RD_REG32(SPCR1);

temp_32data = temp_32data | 0x00010001;//XRST = RRST = 1

HW_WR_REG32(SPCR1,temp_32data);

for(i = 0;i < 1000;i ++){}//delay

（9）把帧信号从复位状态中解除。代码举例如下：

temp_32data = HW_RD_REG32(SPCR1);

temp_32data = temp_32data | 0x00800000;//FRST = 1 Sample-rate generator is taken out of reset

```
HW_WR_REG32(SPCR1,temp_32data);
for(i = 0;i < 1000;i ++ ){}//delay
```

10.5　McBSP 读/写

McBSP 配置完成后,就可以进行读/写了。McBSP 的读/写方式有三种:DMA 模式、中断模式和查询模式。本文用查询模式。

10.5.1　McBSP 发送

通过 XRDY 判断 McBSP 是否可以发送,若 XRDY 为 1,表示 McBSP 可以进行数据发送。

```
temp_32data = HW_RD_REG32(SPCR1);//是否可以写入 DXR1?
temp_32data = temp_32data & 0x00020000;
while(temp_32data! = 0x00020000)
{
    for(i = 0;i < 100;i ++ ){}
    temp_32data = HW_RD_REG32(SPCR1);
    temp_32data = temp_32data & 0x00020000;
}
HW_WR_REG32(DXR1,out[ k ]);// out[ k ] 为发送的数据
```

10.5.2　McBSP 接收

通过 RRDY 判断 McBSP 是否可以接收,若 RRDY 为 1,表示 McBSP 可以进行数据接收。

```
temp_32data = HW_RD_REG32(SPCR1);//是否可以读取 DRR1?
temp_32data = temp_32data & 0x00000002;
while(temp_32data! = 0x00000002)
{
    for(i = 0;i < 100;i ++ ){}
    temp_32data = HW_RD_REG32(SPCR1);
    temp_32data = temp_32data & 0x00000002;
```

}
temp_32data = HW_RD_REG32(DRR1);

10.6 TLV320AIC3104 简介

TLV320AIC3104 是 TI 推出的一款高性能的立体声音频编解码芯片,支持 MIC 和 LINE IN 两种输入方式(二选一),对输入和输出具有可编程增益调节。AIC23 内部集成模数转换(ADCs)和数模转换(DACs)部件,可以在 8~96 kHz 的频率范围内提供 16 bit、20 bit、24 bit 和 32 bit 的采样。

10.6.1 数字音频接口和 McBSP 的连接

TLV320AIC3104 的 WCLK-(McBSP1 FSR):TLV320AIC3104 的输入输出帧信号。
TLV320AIC3104 的 DIN-(McBSP DX):TLV320AIC3104 的数据输入信号。
TLV320AIC3104 的 DOUT-(McBSP DR):TLV320AIC3104 的数据输出信号。
TLV320AIC3104 的 BCLK-(McBSP1 RXCLK):TLV320AIC3104 的数据输入输出时钟信号。

10.6.2 数字音频接口和 I2C 的连接

TLV320AIC3104 的 SDA-(DSP SDA):TLV320AIC3104 的寄存器配置数据信号。
TLV320AIC3104 的 SCL-(DSP SCL):TLV320AIC3104 的寄存器配置时钟信号。

10.7 C6655 通过 I2C 对 TLV320AIC3104 进行配置

配置过程如下:
(1) C6655 的 I2C 初始化。
(2) 按用户要求配置 TLV320AIC3104 的工作模式。

10.7.1 初始化 TLV320AIC3104(I2C 的地址为 0x18)

HW_WR_REG32(ICMDR,0x00000000U);//I2C software Reset,IRS = 0

10　McBSP 实验

```
HW_WR_REG32(ICPSC,0x00000033U);//ICPSC,SYSCLK7/(ICPSC+1),ICPSC=51//set i2c clock
HW_WR_REG32(ICCLKH,0x0000000AU);//ICCLKH=10
HW_WR_REG32(ICCLKL,0x0000000AU);//ICCLKL=10
HW_WR_REG32(ICMDR,0x00000020U);//Enable i2c module,IRS=1
HW_WR_REG32(ICSAR,slave_address);//set c6655 Slave Address,XA=0,slave_address=0x18
```

10.7.2　TLV320AIC3104 的配置

TLV320AIC3104 来自 C6655 的 McBSP1_RXCLK。TLV320AIC3104 需要进行时钟设置、输入输出模式设置、路线设置后才能进行数据的采样。下面是 TLV320AIC3104 寄存器初始化并进行时钟设置的程序。

```
I2cWriteByte(0x00,0x00);
I2cWriteByte(0x07,0x00);
read_data1 = I2cReadByte(0x5E);
I2cWriteByte(0x01,0x80);
read_data1 = I2cReadByte(0x5E);
I2cWriteByte(0x66,0xA2);
I2cWriteByte(0x02,0x00);
I2cWriteByte(0x03,0x81);
I2cWriteByte(0x04,0x20);
I2cWriteByte(0x05,0x0);
I2cWriteByte(0x06,0x0);
I2cWriteByte(0x0B,0x08);
```

输入输出模式设置样例程序如下：

```
I2cWriteByte(0x08,0x00);
I2cWriteByte(0x09,0x47); //DSP mode  16 bit
I2cWriteByte(0x0A,0x00);
```

路线设置需要用户明确使用情况。图 10-5 是 TLV320AIC3104 数据 AD 输入路线图。根据实际使用要求，C6655 通过 I2C，按图 10-5 进行寄存器设置。图 10-6 是 TLV320AIC3104 数据 DA 输出路线图。根据实际使用要求，C6655 通过 I2C，按图 10-6 进行寄存器设置。

样例程序如下：

init TLV320AIC3104_phoneout_reg();//麦克风输出设置
init TLV320AIC3104_lineout_reg();//线输出设置
init TLV320AIC3104_linein_reg();//线输入设置
init TLV320AIC3104_micin_reg();//耳机输入设置

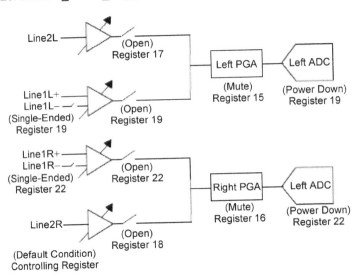

图 10-5　TLV320AIC3104 数据 AD 输入路线图

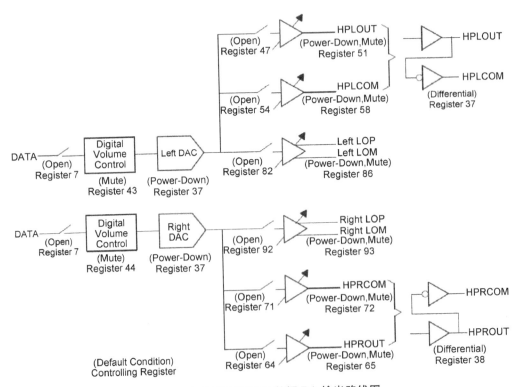

图 10-6　TLV320AIC3104 数据 DA 输出路线图

10.8　McBSP 程序运行

（1）根据实际情况，选择使用线输入、线输出、耳机输入或麦克风输出，并连接好硬件。

（2）和 UART 程序一样，把 McBSP-3104 程序导入工程。

（3）根据实际情况，选定路线设置子程序。

（4）编译、下载、运行程序。

语音输入输出样例：通过 C6655 的 I2C 把 TLV320AIC3104 设置成符合要求的模式。

（1）选择耳机和麦克风一体的 4 段式耳机插入 J15，同时注意所使用的耳机是国标还是美标。国标耳机需要把 SW3 的开关向左拨，美标耳机需要把 SW3 的开关向右拨。

（2）和 UART 程序一样，把 McBSP-3104 程序导入工程。

（3）选通麦克风输入线路：在程序中加入子程序 initTLV320AIC3104_phoneout_reg( )；

（4）选通耳机输出线路：在程序中加入子程序 initTLV320AIC3104_micin_reg( )；

（5）使用麦克风-耳机输入输出子程序：在程序中加入子程序 mic_to_phone( )；

（6）编译、下载、运行程序，在耳机中就能听到自己说的话。

11 基于 DSPLIB 的数字信号处理算法实验

11.1 实验准备

（1）确保 CD6655-DSK 工作正常。

（2）安装 C665xSDK（安装包：ti-processor-sdk-rtos-c665x-evm-04.03.00.05-Windows-x86-Install.exe），选择安装 C66xDSPLIB，默认安装路径为 C:\ti\dsplib_c66x_3_4_0_0。

（3）将 C66xDSPLIB 自带的链接命令文件 C:\ti\dsplib_c66x_3_4_0_0\examples\fft_ex\link.cmd 复制到新建工程所在的文件夹。

（4）使用 FILE IO 工具时，请选择对应工程所在路径的数据文件模拟输入信号。

11.2 基于 DSPLIB 的 FFT 实验

（1）打开 CCS，选择菜单 Project-> New CCS Project，参见图 3-1 所示的窗口，并按图中内容设置相关参数（注：主要有 Target、Connection、Project name 需要用户设置，其余参数一般为默认项）。

（2）在（1）设置完成后，单击窗口中的"Finish"按钮，得到新建的工程。

（3）复制 C:\ti\dsplib_c66x_3_4_0_0\packages\ti\dsplib\src\DSP_fft16x16\c66 目录下的 DSP_fft16x16.h、DSP_fft16x16.c、gen_twiddle_fft16x16.h、gen_twiddle_fft16x16.c 到 FFT 工程所在的目录，启用 DSPLIB 的一个 16×16 的 FFT 源程序进行 FFT 变换分析。

（4）右击工程栏中的"FFT"，在弹出的快捷菜单中选择最后一个菜单 Properties，打开图 3-3 所示的窗口，主要设置"Device endianness"为"little"，"Linker command file"为"link.cmd"。

（5）在工程栏中，打开 main.c 检查源代码，具体代码如下：

```c
/* ==================================================================*/
/*    FFT16x16                                                       */
/* ==================================================================*/
#include <stdio.h>
#include <math.h>
#include <stdlib.h>
#include <limits.h>
#include <c6x.h>
#include "DSP_fft16x16.h"
#include "gen_twiddle_fft16x16.h"
/* ==================================================================*/
/*    Parameters of fixed dataset.                                   */
/* ==================================================================*/
#define N          (256)      //定义输入数据的长度
#define size_fft   (256)      //定义FFT变换长度
/* ==================================================================*/
/*    Initialized arrays with fixed test data.                       */
/* ==================================================================*/
#pragma DATA_ALIGN(x, 8);
short x[2* N];
#pragma DATA_ALIGN(y, 8);
short y[2* N];
#pragma DATA_ALIGN(w, 8);
short w[2* N];
short x_real[N];
short y_real[N];
short y_imag[N];
short y_amp[N];
void fileIO(void){   //read data from file to x_real}
/* ==================================================================*/
/*    MAIN -- Top level driver for the test.                         */
/* ==================================================================*/
```

```
int main()
{
    int i, j;
    while(1){
        fileIO();
        for (i = 0; i < N; i++) {
            x[2* i] = x_real[i] >>4;
//右移4位是为了避免FFT变换后的数据超过short型字长
            x[2* i + 1] = 0; }
        gen_twiddle_fft16x16(w, N);
        DSP_fft16x16(w, size_fft, x, y);
        for (i = 0, j = 0; j < N; i+ =2, j++) {
            y_real[j] = y[i];
            y_imag[j] = y[i + 1];
            y_amp[j] = sqrt(y_real[j]* y_real[j] + y_imag[j]* y_imag[j]);
        }
    }
}
/* ======================================================================*/
/*  End of file:  main.c                                                  */
/* ======================================================================*/
```

（6）单击菜单 Project-> Build Project 对编写的 FFT 工程进行编译。若无语法错误，则生成 FFT.out。

（7）单击菜单 Run-> Debug 对编译完成的 FFT 工程进行下载，CCS 切换到 Debug 模式。

（8）在 Debug 模式下打开 main.c 文件，并在主程序"fileIO();"语句前设置断点，单击菜单栏中的"View-> Breakpoints"打开断点查看窗口。选中当前断点，通过右键快捷菜单可以查看断点属性(properties)。在该断点的属性窗口中，将该断点的行为设置为"Read Data from File"，如图 11-1 所示。

> **注意：**
> - C6655 以 32 位字长将数据存入 Memory，所以尽管输入数据是 256 点 short 型的数据，但读取的数据长度应为 128。
> - DSPLIB 中的"DSP_fft16 * 16( )"函数的输入、输出数据都被视为复数，需要使用相邻地址的两个 16 位存储单元分别表示一个数据点的实部和虚部。提供的 data 文件存放的是实信号，因此存入 x_real 地址。

（9）单击菜单栏中的"Tools->Graph"打开绘图工具。图 11-2 为使用 Dual Time 选项设置参数，可以同时观察输入和输出数据。

（10）单击工具栏上的"Run"按钮，运行 FFT 工程，利用 FILE IO 模拟输入数据，利用图形分析工具查看和显示输出结果。

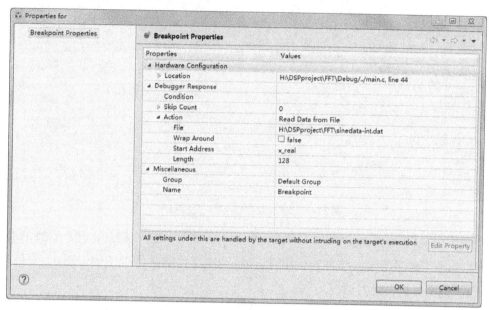

图 11-1　设置断点的行为

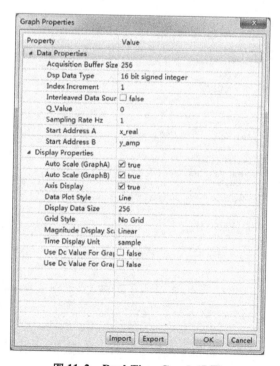

图 11-2　Dual Time Graph 设置

输入信号和 FFT 变换结果如图 11-3 所示。

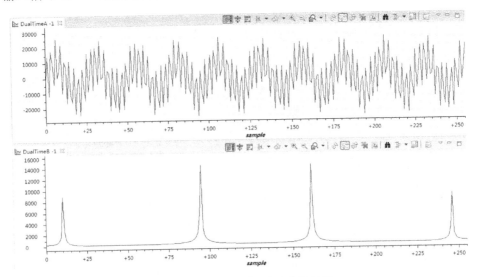

图 11-3 输入信号和 FFT 变换结果

可以使用"Tool->Graph"中的 FFT Magnitude 直接查看输入信号和 FFT 变换结果,与图 11-3 中 FFT 程序的输出结果进行比对,验证本次实验结果是否正确。图 11-4 是输入信号 FFT 幅度分析设置对话框。

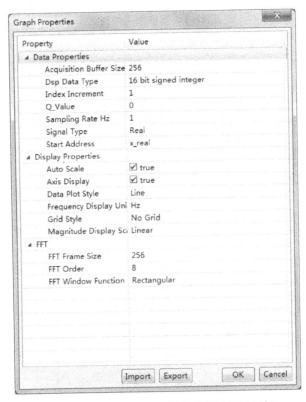

图 11-4 输入信号 FFT 幅度分析设置对话框

Graph 工具的 FFT 幅度变换结果如图 11-5 所示,与图 11-3 中的结果相同。

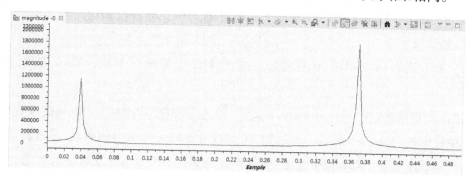

图 11-5　Graph 工具的 FFT 幅度变换结果

注意:图形分析窗口刷新处理,可以用图形分析窗口上的"刷新"工具按钮。

11.3　基于 DSPLIB 的 FIR 实验

(1) 打开 CCS,选择菜单 Project-> New CCS Project,参见图 3-1 所示的窗口,并按图中内容设置相关参数(注:主要有 Target、Connection、Project name 需要用户设置,其余参数一般为默认项)。

(2) 在(1)设置完成后,单击窗口中的"Finish"按钮,得到新建的工程。

(3) 右击工程栏中的"FIR",在弹出的快捷菜单中选择最后一个菜单 Properties,打开图 3-3 所示的窗口,主要设置"Device endianness"为"little","Linker command file"为"link.cmd"。

(4) 单击"Build-> C6000 Compiler-> Include Option",在"Add dir to #include search path(--include_path,-i)"区域中添加要使用的 DSPLIB 中 DSP_fir_gen 函数的头文件路径"C:\ti\dsplib_c66x_3_4_0_0\packages\ti\dsplib\src\DSP_fir_gen\c66"。

(5) 单击"C6000 Linker-> File Search Path",在右侧"Include library file or command file as input(--library,-l)"区域中添加 DSPLIB 库文件"C:\ti\dsplib_c66x_3_4_0_0\packages\ti\dsplib\lib\dsplib.ae66"。

(6) 利用 Matlab 设计一个 8000 Hz 采样、截止频率为 1500 Hz 的 Fir 低通滤波器,将滤波系数导出为 Fir_coef.h 文件存储在 FIR 工程所在文件夹下(与 main.c 在同一文件夹)。

(7) 在工程栏中打开 main.c 修改源代码[参考 11.2 中步骤(5)]。

(8) 单击菜单 Project->Build Project 对编写的 FIR 工程进行编译。若无语法错误，则生成 FIR.out。

(9) 单击菜单 Run->Debug 对编译完成的 FIR 工程进行下载，CCS 切换到 Debug 模式。

(10) 在 Debug 模式下打开 main.c 文件，并在主程序"fileIO();"语句前设置断点，单击菜单栏中的"View->Breakpoints"打开断点查看窗口。选中当前断点，通过右键快捷菜单可以查看断点属性(properties)。在该断点的属性窗口中，将该断点的行为设置为"Read Data from File"，如图 11-6 所示。

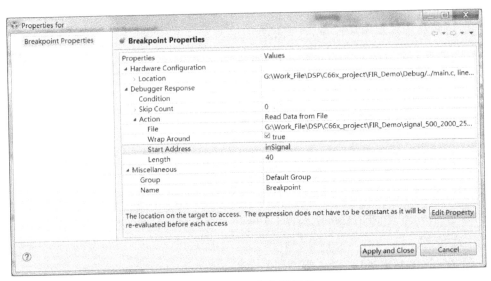

图 11-6 设置断点的行为

(11) 单击工具栏上的"Run"按钮，运行 FIR 工程，FILE IO 模拟输入数据，利用图形分析工具查看和显示输出结果。

(12) 单击菜单栏中的"Tools->Graph"打开绘图工具。图 11-7 为使用 Dual Time 选项设置参数，可以同时观察输入和输出数据。

FIR 实验输入信号和滤波结果如图 11-8 所示。

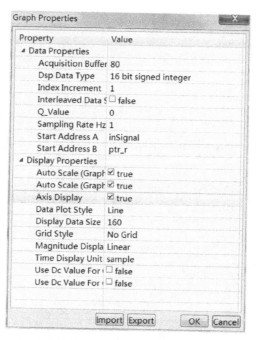

图 11-7 Dual Time Graph 设置

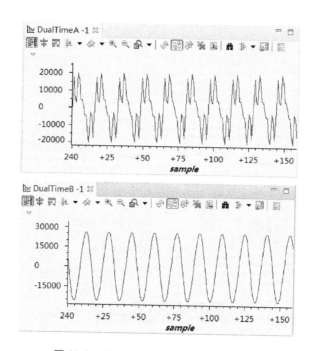

图 11-8 FIR 实验输入信号和滤波结果

可以使用"Tool->Graph"中的 FIR Magnitude 直接查看输入信号、滤波器系数和滤波输出的 FIR 幅度谱(图 11-9),验证本次 FIR 滤波实验的效果。

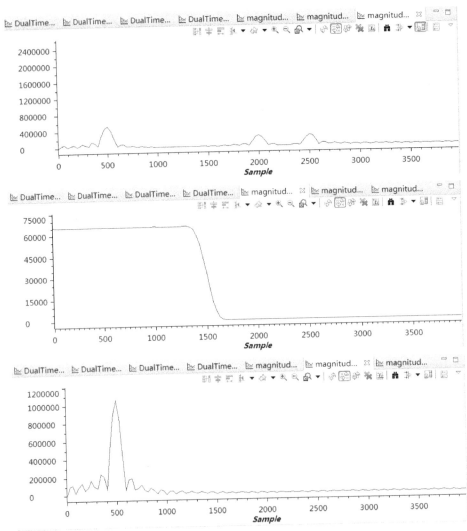

图 11-9　输入信号、滤波器冲击响应和输出信号幅度谱分析结果

注意：图形分析窗口刷新处理，可以用图形分析窗口上的"刷新"工具按钮。

11.4　基于 DSPLIB 的 IIR 实验

（1）打开 CCS，选择菜单 Project-> New CCS Project，参见图 3-1 所示的窗口，并按图中内容设置相关参数（注：主要有 Target、Connection、Project name 需要用户设置，其余参数一般为默认项）。

（2）在（1）设置完成后，单击窗口中的"Finish"按钮，得到新建的工程。

（3）右击工程栏中的"IIR"，在弹出的快捷菜单中选择最后一个菜单"Properties"，打开图 3-3 所示的窗口，主要设置"Device endianness"为"little"，"Linker command file"为"link.cmd"。

（4）单击"Build-> C6000 Compiler-> Include Option"，在"Add dir to #include search path（--include_path，-i）"区域中添加要使用的 DSPLIB 中 DSP_iir 函数的头文件路径"C:\ti\dsplib_c66x_3_4_0_0\packages\ti\dsplib\src\DSP_iir\c66"。

（5）单击"C6000 Linker-> File Search Path"，在右侧"Include library file or command file as input（--library，-l）"区域中添加 DSPLIB 库文件"C:\ti\dsplib_c66x_3_4_0_0\packages\ti\dsplib\lib\dsplib.ae66"。

（6）DSPLIB 的 DSP_iir 函数采用公式（11-1）所示的差分方程，可以利用 Matlab 设计一个 8000 Hz 采样、截止频率为 1500 Hz 的 4 阶巴特沃兹低通滤波器，在示例程序中 ptr_Coefs_h2 存放移动平均滤波器系数，ptr_Coefs_h1 存放自回归滤波器系数。

$$r_1(n) = h_2(0)*x(n)\\
+ h_2(1)*x(n-1) - h_1(1)*r_1(n-1)\\
+ h_2(2)*x(n-2) - h_1(2)*r_1(n-2)\\
+ h_2(3)*x(n-3) - h_1(3)*r_1(n-3)\\
+ h_2(4)*x(n-4) - h_1(4)*r_1(n-4)$$

(11-1)

（7）在工程栏中打开 main.c 修改源代码[参考 11.2 中步骤（5）]。

（8）单击菜单 Project-> Build Project 对编写的 IIR 工程进行编译。若无语法错误，则生成 IIR.out。

（9）单击菜单 Run-> Debug 对编译完成的 IIR 工程进行下载，CCS 切换到 Debug 模式。

（10）在 Debug 模式下打开 main.c 文件，并在主程序"fileIO()；"语句前设置断点，单击菜单栏中的"View-> Breakpoints"打开断点查看窗口。选中当前断点，通过右键快捷菜单可以查看断点属性（properties）。在该断点的属性窗口中，将该断点的行为设置为"Read Data from File"，具体设置同 FIR 实验，具体见图 11-6 所示。

> **注意**：使用 IIR 例程目录下的数据文件"signal_500_2500_3000_Hz_with_AWGN_fs8000.dat"。

（11）单击工具栏上的"Run"按钮，运行 IIR 工程，FILE IO 模拟输入数据，利用图形分析工具查看和显示输出结果。

（12）单击菜单栏中的"Tools-> Graph"打开绘图工具。图 11-10 为使用 Dual Time 选项设置参数，可以同时观察输入和输出数据。

图 11-10 Dual Time Graph 设置

IIR 实验的输入信号和滤波结果如图 11-11 所示。

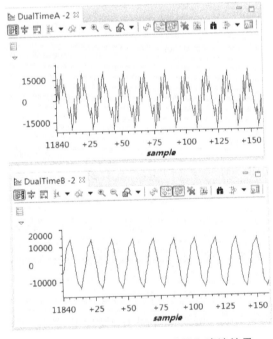

图 11-11 IIR 实验的输入信号和滤波结果

可以使用"Tool-> Graph"中的 IIR Magnitude 直接查看输入信号、滤波输出的 IIR 幅度谱(图 11-12)，验证本次 IIR 滤波实验的效果。

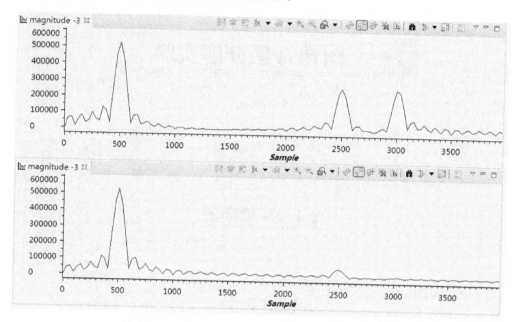

图 11-12　输入信号和滤波输出信号幅度谱分析结果

注意： 图形分析窗口刷新处理，可以用图形分析窗口上的"刷新"工具按钮。

12 图像奇偶分解实验

12.1 实验准备

(1) 确保 CD6655-DSK 工作正常。
(2) 链接命令文件选用例程中的 Image Processing.cmd。
(3) 要分解的图像应置于本实验的工程文件夹下。
(4) 学习图像奇偶分解原理,分解公式见式(12-1)。

$$x(n) = x_e(n) + x_o(n)$$
$$x_e(n) = \frac{x(n) + x(-n)}{2}, x_e(n) = x_e(-n)$$
$$x_o(n) = \frac{x(n) - x(-n)}{2}, x_o(n) = -x_o(-n) \tag{12-1}$$

12.2 图像奇偶分解

(1) 打开 CCS,选择菜单 Project-> New CCS Project,参见图 3-1 所示的窗口,并按图中内容设置相关参数(注:主要有 Target、Connection、Project name 需要用户设置,其余参数一般为默认项)。
(2) 在(1)设置完成后,单击窗口中的"Finish"按钮,得到新建的工程。
(3) 右击工程栏中的"t_ImageProcessing",在弹出的快捷菜单中选择最后一个菜单"Properties",打开图 3-3 所示的窗口,主要设置"Device endianness"为"little","Linker

command file"为"Image Processing. cmd"。

（4）在工程栏中打开 main.c 修改源代码，具体代码如下：

```
/* ======================================================================*/
/*    ImageProcessing                                                    */
/* ======================================================================*/
#include <stdio.h>
#include <math.h>
#include <string.h>
#include <stdlib.h>
#define PI 3.1415926
unsigned int image_width,image_height,image_size;
unsigned char *imagein_buffer, *imageout_buffer1, *imageout_buffer2;
int **image;
void func(int **f,double **F);

void main()
{
    FILE *fp;
    unsigned char *bmp_imageHeader;
    unsigned int image_offbits;
    int x,y,i,t;
    fp = fopen("../f1.bmp","rb");           //打开一个工程所在文件夹下的 f1.bmp
    if(fp == NULL){
        printf("Opening file Failed!");
        return;
    }
    printf("Opening file succeed!");
    bmp_imageHeader = (unsigned char * )malloc(54);
    fread(bmp_imageHeader, 54, 1, fp);
    memcpy(&image_offbits, bmp_imageHeader+10, sizeof(unsigned int));
    memcpy(&image_width, bmp_imageHeader+18, sizeof(unsigned int));
    memcpy(&image_height, bmp_imageHeader+22, sizeof(unsigned int));
    fseek(fp, image_offbits, SEEK_SET);    //文件指针指向图像数据的开头
```

```c
image_size = 3 * image_width * image_height;
imagein_buffer = (unsigned char* )0x80000000;
imageout_buffer1 = (unsigned char* )0x90000000;    // 存放偶分量
imageout_buffer2 = (unsigned char* )0xa0000000;    // 存放奇分量
fread(imagein_buffer, image_size, 1, fp);
fclose(fp);
for(y = 0; y < image_height; y ++ ){
    for(x = 0; x < 3* image_width; x ++ )
        for(i = 0; i < 3; i ++ ) {
            t = * (imagein_buffer + 3* image_width* y + 3* x + i) + * (imagein_buffer + 3* image_width* (y + 1)-3* (x + 1) + i);
            if(t% 2 == 1)
                t = (t + 1)/2;
            else
                t = t/2;
            * (imageout_buffer1 + 3* image_width* y + 3* x + i) = t;
            * (imageout_buffer1 + 3* image_width* (y + 1)-3* x + i) = t;

            t = fabs(* (imagein_buffer + 3* image_width* y + 3* x + i) - * (imagein_buffer + 3* image_width* (y + 1)-3* x + i));
            if(t% 2 == 1)
                t = (t + 1)/2;
            else
                t = t/2;
            * (imageout_buffer2 + 3* image_width* y + 3* x + i) = t;
            * (imageout_buffer2 + 3* image_width* (y + 1)-3* x + i) = t;
        }
}
t = 0;
while(1) ;
}
```

（5）单击菜单 Project-> Build Project 对编写的图像奇偶分解实验 t_ImageProcessing 工程进行编译。若无语法错误，则生成 t_ImageProcessing.out。

（6）单击菜单 Run->Debug 对编译完成的 t_ImageProcessing 工程进行下载，CCS 切换到 Debug 模式。

（7）在 main.c 的主函数的"while(1);"前添加断点。

（8）单击工具栏上的 按钮，运行工程 t_ImageProcessing，程序遇到断点暂停。

（9）单击菜单栏中的"Tools->Image Analyzer"打开图像绘制工具。在空白的 Image 显示界面处右击，在弹出的快捷菜单中选择"Properties"，打开属性设置窗口。Properties 对话框中各标签的含义如表 12-1 所示。

表 12-1　Image 属性设置窗口各标签含义

标签名称	含义
Title	图像名称
Background color	背景颜色
Image format	绘制图像的颜色方案
Number of pixels per line	图像每行的像素点数
Number of lines	图像像素点的行数
Data format	包含打包（Packed）和平面（Planar）两个选项，前者会将描述 RGB 三个颜色分量的数据位打包读取，因此只需要提供整体图像数据的起始地址；后者则需要用户自行设定各分量在 Memory 中的起始地址，可以应用于图像各颜色分量独立存储的情况
Pixel stride（bytes）	一个像素颜色值占用的字节数
Red mask	红色分量的掩码
Green mask	绿色分量的掩码
Blue mask	蓝色分量的掩码
Alpha mask（if any）	Alpha 成分的掩码，若图像中没有 Alpha 成分，则设该值为 0
Line stride（bytes）	图像一行占用的字节数
Image source	包含连接设备（Connected Device）和文件（File）两个选项，前者指定从目标开发板（包括 Simulator）的内存地址中读取图像数据，可以使用前面介绍的通过 Load Memory 加载的图像数据所在的内存地址；后者指定从二进制文件中读取图像数据
Start address	若指定 Image source 为 Connected Device，则需指定图像数据在内存中的起始地址，不支持数学表达式及 C 语言表达式
File name	若指定 Image source 为 File，则需给出保存图像数据的二进制文件名
Read data as	数据读取位数，可以设置为 8 位、16 位或 32 位

以图片"f1.bmp"的奇偶分量分解为例，Image Analyzer 的属性设置如图 12-1 所示。

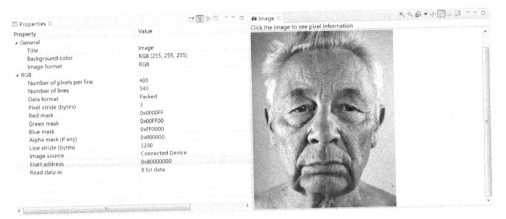

图 12-1 显示原始图像

显示偶分量的图像如图 12-2 所示。

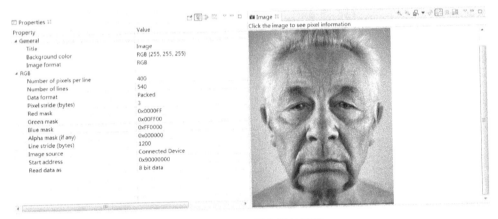

图 12-2 显示偶分量的图像

显示奇分量的图像如图 12-3 所示。

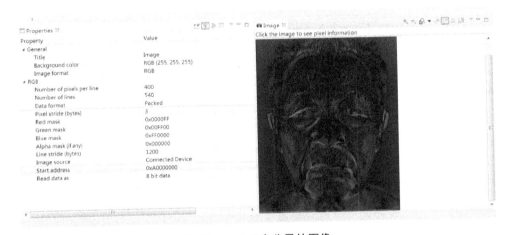

图 12-3 显示奇分量的图像

13 SYS/BIOS 实验

13.1 实验准备

（1）N 型或 I 型 4 段式耳机（带 MIC）一个。

（2）采用 USB 线连接 CD6655-DSK 实验板的 USB-XDS100V2 接口（J13），将 N 型或 I 型 4 段式耳机插入 J15 音频接口，采用 USB 线连接 CD6655-DSK 实验板的 UART 接口和计算机的 USB 接口，将 SW1 和 SW2 的拨码全部开关拨到 ON 的位置，然后给实验板上电，确保 CD6655-DSK 工作正常。

（3）复习 C6655 DSP 的片上外设相关知识，复习 GPIO、UART、I2C、McBSP 等外设程序设计方法。

（4）学习 SYS/BIOS 相关知识及利用 SYS/BIOS 调度 DSP 各软件功能模块的方法。

13.2 实验工程建立

（1）启动 CCS 软件，选择菜单 File-> New CCS Project 新建一个工程，如 lab13，如图 13-1 所示。新建时选择 SYS/BIOS 工程作为模板，并选择"Platform"为"ti.platforms.evm6657"。

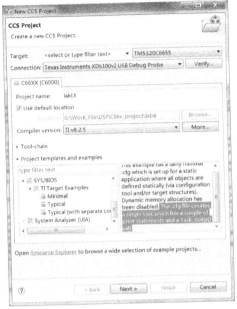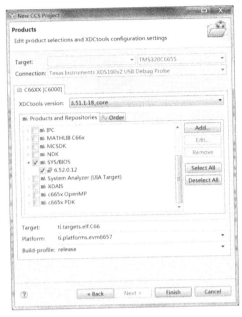

图 13-1 基于 SYS/BIOS 新建工程界面

（2）单击图 13-1 中的"Finish"按钮，创建工程，进入 CCS EDIT 视图。

13.3 实验程序编写

（1）将 C6655 DSP 的寄存器地址定义的头文件"C6655RegAdder.h"复制到当前工程的 main.c 源程序文件所在文件夹，并在 main.c 中利用#include 预编译指令进行包含处理。

（2）main.c 源程序设计时需要使用 TI 公司在 pdk 中提供的"hw_types.h"头文件。由于"hw_types.h"所在路径不是默认路径，因此需要在工程属性的"C6000 Compiler"下的"IncludeOptions"选项卡中添加"hw_types.h"头文件所在路径。

（3）由于程序使用 SYS/BIOS 中的 Task、Swi 和 Semaphore 等对象，因此需要在 main.c 中增加相关 SYS/BIOS 的头文件，例如：

#include < ti/sysbios/BIOS.h >

#include < ti/sysbios/knl/Task.h > //使用任务 Task 实例

#include < ti/sysbios/knl/Swi.h > //使用软件中断 SWI 实例

#include < ti/sysbios/knl/Semaphore.h > //使用信号量 Semaphore 实例

（4）在 Project Explorer 区域选择当前工程中的 app.cfg 并启用右键菜单，在"open-with"菜单项中选择"XGCONF"，采用可视化方法编辑当前工程的 SYS/BIOS，主要有以下功能：

① 静态创建 SYS/BIOS 的 1 个 Task 对象（如 task_AudioPlayBack），并指定处理函数（如 mic_to_phone），设置优先级（1—32，数值越大优先级越高），如图 13-2 所示。

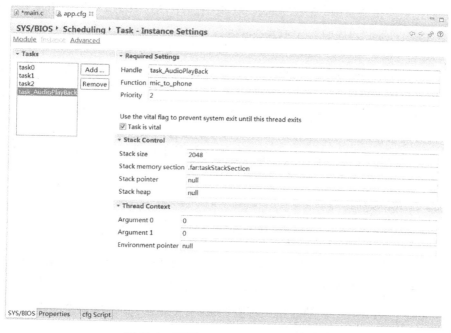

图 13-2　配置 SYS/BIOS 的 task 对象

② 静态创建 SYS/BIOS 的 1 个信号量，静态创建 SYS/BIOS 的 1 个 task 实例并调用 GPIO 输入状态扫描函数（如 Tsk_Key），由该信号量决定其是否就绪。

③ 静态创建 SYS/BIOS 的 1 个信号量，静态创建 SYS/BIOS 的 1 个 task 实例并调用 UART 接收函数（Tsk_UART_ReceiveComm），由该信号量决定其是否就绪。

④ 静态创建 SYS/BIOS 的一个 clock 对象，并在 main.c 中编写对应函数，实现基于信号量的 task 调度。为降低 clock 处理的复杂度，可以创建一个 SWI 和编写对应函数进行 task 调度。

> **注意**：本例中 SYS/BIOS 对象均为静态创建，在 main.c 文件中需要采用外部变量声明方式进行声明。具体代码如下：
> extern Swi_Handle swi_P;
> extern Task_Handle task0;
> extern Semaphore_Handle semaphore0,semaphore1,semaphore2;

(5) 该工程已生成 main.c 文件,综合 GPIO、I2C、UART、McBSP、AIC3104 实验内容进行应用程序设计,主要包括以下内容:

① 设计 GPIO、I2C、UART、McBSP1、AIC3104 初始化函数,对 GPIO、I2C、UART、McBSP1、AIC3104 进行初始化。

② 完成静态创建 SYS/BIOS 实例绑定的调用函数定义。

(6) 新建目标配置文件,先在"Connect"项中选择"XDS100v2 USB Debug Probe",然后在"Board or Device"中选择"TMS320C6655"。

> **注意:** 选择 Little Endian 是为了保持与工程设置一致。

(7) 单击 CCS 工具栏上的 建立按钮 CCS 工程,生成 DSP 程序。

(8) 单击 CCS 工具栏上的 按钮,下载 DSP 程序到目标平台,并进入 CCS DebugView 界面。

(9) 运行 DSP 程序。

① 单击工具栏上的 按钮,运行 DSP 程序。

② 利用 TOOL 中的 ROV Classic 菜单打开 ROV 窗口,选择 SysMin 对象,在右侧 Output Buffer 区域查看源程序中 System_printf 函数的输出结果。DSP 程序设计时在合适位置加入 System_printf 函数,其输出结果可以在 ROV 中观察,其输出信息的先后顺序有助于理解各个任务线程的调度情况。

③ 可以通过 MIC 采集音频,采集的音频通过耳机进行回放。

④ 可以采用 GPIO 对应的拨码开关控制是否进行采集和回放。

⑤ 在 PC 端启动串口调试助手软件,通过 UART 接口发送命令字,控制是否进行采集和回放。

参考文献

[1] TMS320C6655 and TMS320C6657 Fixed and Floating-Point Digital Signal Processor (Literature Number: SPRS814D). Texas Instruments Inc., March 2012.

[2] Hardware Design Guide for KeyStone I Devices (Literature Number: SPRABI2D). Texas Instruments Inc., August 2013.

[3] KeyStone Architecture Universal Asynchronous Receiver/Transmitter (UART) for User Guide (Literature Number: SPRUGP1). Texas Instruments Inc., November 2010.

[4] KeyStone Architecture Inter-IC Control Bus (I^2C) User Guide (Literature Number: SPRUGV3). Texas Instruments Inc., August 2011.

[5] KeyStone Architecture Serial Peripheral Interface (SPI) User Guide (Literature Number: SPRUGP2A). Texas Instruments Inc., March 2012.

[6] KeyStone Architecture External Memory Interface (EMIF16) User Guide (Literature Number: SPRUGZ3A). Texas Instruments Inc., May 2011.

[7] TMS320 C66x DSP CorePac User Guide (Literature Number: SPRUGW0C). Texas Instruments Inc., July 2013.

[8] KeyStone Architecture Chip Interrupt Controller (CIC) User Guide (Literature Number: SPRUGW4A). Texas Instruments Inc., March 2012.

[9] KeyStone Architecture Power Sleep Controller (PSC) User Guide (Literature Number: SPRUGV4C). Texas Instruments Inc., November 2010.

[10] KeyStone Architecture Ethernet Media Access Controller (EMAC)/Management Data Input/Output (MDIO) User Guide (Literature Number: SPRUHH1). Texas Instruments Inc., July 2012.

[11] KeyStone Architecture Gigabit Ethernet (GbE) Switch Subsystem User's Guide (Literature Number: SPRUGV9D). Texas Instruments Inc., November 2010.

[12] KeyStone Architecture SerDes Implementation Guide for KeyStone I Devices (Literature Number: SPRABC1). Texas Instruments Inc., October 2012.

[13] KeyStone Architecture Phase-Locked Loop (PLL) User's Guide (Literature Number: SPRUGV2I). Texas Instruments Inc., November 2010.

［14］TMS320C6000 McBSP Initialization（Literature Number：SPRA488C）. Texas Instruments Inc., March 2004.

［15］Keystone Architecture Multichannel Buffered Serial Port（McBSP）User's Guide（Literature Number：SPRUHH0）. Texas Instruments Inc., May 2012.

［16］Keystone Architecture DDR3 Memory Controller User's Guide（Literature Number：SPRUGV8E）. Texas Instruments Inc., November 2010.

［17］KeyStone I DDR3 Initialization（Literature Number：SPRABL2E）. Texas Instruments Inc., January 2012.

［18］KeyStone II DDR3 Initialization（Literature Number：SPRABX7）. Texas Instruments Inc., January 2015.

［19］Micron Serial NOR Flash Memory N25Q032A. Micron Technology Inc., 2012.

［20］NAND Flash Memory MT29F1G08_nand. Micron Technology Inc., 2010.

［21］MT41J128M16H_2Gb_DDR3 SDRAM. Micron Technology Inc., 2006.

［22］USB 转串口芯片 CH340. 沁恒，2017.

［23］SN74AVC4T245 Dual-Bit Bus Transceiver with Configurable Voltage Translation and 3-State Outputs（Literature Number：SCES576G）. Texas Instruments Inc., June 2004.

［24］Marvell® Alaska® 88E1112 Technical Product Brief. Marvell Inc., May 2011.

［25］CoolRunner-II CPLD Family（Literature Number：DS090）. Xilinx Inc., September 2008.

［26］FT2232H Dual High Speed USB to Multipurpose UART/FIFO IC（Literature Number：FT_000061）. FTDI Inc., June 2016.

［27］TXS0108E 8-Bit Bi-directional, Level-Shifting, Voltage Translator for Open-Drain and Push-Pull Applications（Literature Number：SCES642H）. Texas Instruments Inc., December 2007.

［28］TLV320AIC23B-Q1 Stereo Audio Codec, 8 to 96 kHz, With Integrated Headphone Amplifier Data Manual（Literature Number：SGLS240C）. Texas Instruments Inc., March 2004.

［29］TLV320AIC3104 Programming Made Easy（Literature Number：SLAA403）. Texas Instruments Inc., February 2009.